BRIEFVE
EXPLICATION
DE L'VSAGE
DE L'ASTROLABE.

AVEC VN SOMMAIRE TRAICTE
de la Sphere; comme aussi de l'vsage tant du quarré
Geometrique, que des Globes.

Par D. H. M.

A PARIS,

M. D. C. XX.

BRIEFVE

EXPLICATION
DE LA SPHERE.

O v r bien & deuëment entendre ce qui eſt de l'vſage de l'Aſtrolabe, il eſt neceſſaire d'auoir quelque intelligence de la Sphere du mõde, c'eſt pourquoy auant que de traiĉter dudit vſage de l'Aſtrolabe, nous expliquerons ſuccintement les cercles & parties d'icelle Sphere.

Premierement donc eſt à ſçauoir, que Sphere eſt vn corps ſolide compris & enuironné d'vne ſeule ſuperficie, dans lequel il y a vn poinĉt duquel toutes les lignes droiĉtes me-neés à icelle ſuperficie ſont egales entr'elles; & ce poinĉt là eſt ap-pellé centre de la Sphere. Or voila ce que les Geometres enten-dent par ce mot Grec *Sphere*, qui ſignifie la meſme choſe que Glo-be ou boule; & les Aſtronomes recognoiſſant que la machine du monde vniuerſel, qui comprẽd le ciel & la terre, & toutes les autres choſes qui ſont en iceux, conſtituë vn corps rond auquel ſe rencon-trent toutes les conditions de ladite Sphere Geometrique; ils ont auſſi nommé icelle machine, Sphere du mõde. Mais eſt à remarquer qu'en la doĉtrine Aſtronomique on conſidere la Sphere en deux-ſortes, l'vne eſtant dite naturelle, & l'autre artificielle: Par la Sphe-re naturelle, les Aſtronomes entendent tout ce qui eſt compris en cét Vniuers; Et l'artificielle eſt vn certain inſtrument compoſé de diuers cercles de quelque matiere ſolide, lequel on a inuenté pour repreſenter la naturelle, afin de plus facilement demonſtrer la rai-ſon du premier mouuement.

Ladite Sphere naturelle ou machine du monde vniuerſel, eſt di uisée en deux principales parties ou regions, fçauoir l'vne etherée ou celefte, & l'autre foub-lunaire & elementaire: la partie elementaire contient les quatre elemens, fçauoir le feu, l'air, l'eau & la terre, chacun defquels a fa fcituation propre & conuenable à fa nature & qualité: car la terre, qui eft le plus pefant element, eft amafsée & conglobée au milieu de tout le monde, faifant le centre d'iceluy: l'eau moins pefante que la terre conuenante auec icelle en froidure, eft difperfée à l'entour de ladite terre, laiffant quelques endroicts découuerts pour l'habitation des hommes & autres animaux terreftres, en forte toutesfois qu'eux deux enfemble font comme vn corps rond & Spherique: l'air plus rare que la terre & l'eau, & lequel conuiët auec icelle en humidité, eft au deffus de tous les deux, les enuironnant de toutes parts: Le feu plus fubtil & leger element tendant naturellement en-haut eft colloqué au deffus de l'air, qui conuient en chaleur auec iceluy, & l'enuironne de toutes parts.

La region celefte eft vulgairement diuifée en dix orbes ou cieux particuliers contigus l'vn à l'autre & concentriques; le plus grand defquels, & qui enuironne rondement tous les autres, eft le dixiéme ciel, vulgairement dit premier mobile: celuy qui luy eft contigu & prochainement inferieur, eft le neufiéme ciel, qu'on nomme ordinairement ciel criftalin, lequel enuironne rondement le huiétiéme ciel qu'on appelle firmament: aux deux cieux fuprieurs ne paroiffent aucunes eftoilles, mais en cétuy-cy font toutes les eftoilles fixes, qui font ainfi dites, à raifon qu'elles gardent toufiours entr'elles pareilles diftances: les autres cieux inferieurs à cétuy-cy, ont chacun vne des fept eftoilles appellées planettes, ou eftoilles errantes, à caufe qu'elles ne gardent pas toufiours entr'elles egales diftances, comme font celles du firmament: Apres & au deffous du firmament eft donc le feptiéme ciel, qui eft nommé du nom de la planette Saturne, lequel enuironne le ciel de Iupiter; & cétuy-cy, celuy de Mars; & le ciel de Mars, celuy du Soleil; apres lequel fuit le ciel de Venus, qui enuironne celuy de Mercure; & ceftuy-cy celuy de la Lune, qui eft le plus bas & inferieur de tous lefdits cieux, & prochainement colloqué autour de la region elementaire.

Or les cieux deffufdits, fe meuuent tous circulairement autour de leur centre, qni eft le poinét du milieu & centre de tout le monde, fans que tout le ciel ny aucun defdits orbes & cieux particu-

liers delaiffe totalement fon propre lieu & fcituation, ains feulement les parties d'iceux, qui changent de place en tournant à l'entour de leurdit commun centre; lequel mouuement circulaire eft
bien plus parfait que celuy qui eft fait par ligne droicte, en mon-
tans du centre du monde vers la fuperficie fpherique d'iceluy, ou
en defcendant d'icelle fuperficie vers ledit centre, qui eft le propre
mouuement des quatre elemens: Car le feu & l'air montent naturellement en-haut, & l'eau & la terre defcendent en-bas; mais le feu
monte plus haut que l'air, & la terre defcend plus bas que l'eau, enuironnant le centre du monde, qui eft le plus bas lieu de tous, & le
plus loing de la fuperficie fpherique dudit monde total, qui eft le
plus haut.

Les Aftronomes diftinguent le fufdit mouuement circulaire du
ciel en deux principaux, fçauoir premier & fecond, pour l'intelligence defquels difons premierement, que c'eft que Axe, & poles
du monde.

L'Axe ou l'effieu de la Sphere, eft vne ligne droicte qui paffant
par le centre d'icelle fe va terminer de part & d'autre à la fuperficie
fpherique, & fur laquelle ladite Sphere fe tourne. Ainfi en la Sphere naturelle la ligne droicte imaginairement tirée par le centre du
monde, & fur laquelle on conçoit fe mouuoir icelle Sphere, eft appellée Axe ou effieu du monde: & pour comprendre le fufdit mouuement circulaire des cieux, on reprefente ordinairement en la
Sphere artificielle cét Axe imaginaire du monde, par vn fil de fer fur
lequel on fait tourner ladite Sphere.

Quand aux poles d'vne Sphere, ce font les deux bouts ou poincts
extremes de l'Axe d'icelle. Ainfi les bouts & extremitez de l'Axe
du monde font appellez les poles du monde, l'vn defquels eft nommé Artique, & l'autre Antartique: le pole Artique eft celuy-là qui
eft du cofté de Septentrion, & pour ce eft il appellé pole Septen-
trionnal, ou Boreal; mais le pole Antartique eft celuy-là qui eft vers
Midy, auffi eft-il fouuent nommé pole Auftral ou Meridionnal. Et
eft à notter que les cercles ou circonferences defcrites en la fuperficie d'vne Sphere ont auffi leurs poles, qui font deux poincts en la
fuperficie diametralement oppofés, de chacun defquels toutes les
lignes droictes tendantes à ladite circonferéce & periphere du cercle font égalles entr'elles; c'eft à dire que quelqu'vn ayant defcrit

A iij

vne circonference de cercle fur la fuperficie d'vne boule, le poinct
quiluy aura feruy comme de centre, fera dit pole d'iceluy cercle, ou
circonference; car le plus fouuent les Aftronomes parlant des cercles, ne confiderent toutesfois que leurs peripheres, & non leurs fu-
perficies, comme font les Geometres.

Ces chofes entenduës, difons maintenant que le premier mouuement eft celuy du dixiéme & dernier ciel, lequel fe tournant vniformement & regulierement à l'entour de la terre, fur les poles &
Axes du monde, d'Orient par Midy en Occident, finit & paracheu-
ue fon tour & reuolution dans l'efpace de vingt-quatre heures, c'eft
à dire en vn jour naturel, & pour ce eft-il fouuent appellé mouuement diurne ou journel: on l'appelle auffi quelquesfois mouuemēt
rapide, pour ce qu'à caufe de fa force & puiffance, & de la conti-
guité des corps celeftes, par fon mouuement il rauit & emporte
quant & foy (fans violence toutesfois) tous les orbes & cieux inferieurs.

Le fecond mouuement eft celuy propre & peculier à chacun des
neuf orbes inferieúrs, qui en general fe fait au contraire du premier,
fçauoir eft d'Occident par Midy vers Orient, & fur autres poles que
ceux du monde, ainfi que les plus groffiers le peuuent facilement
cognoiftre aux planettes: la reuolution de chacun defquels orbes
s'accomplit & paracheue en diuers efpaces de temps; c'eft à fçauoir
des plus grands & fuperieurs, plus tard, mais des inferieurs & plus
petits prochains des elemens, pluftoft: car le ciel criftalin felon Alphonce, fait & paracheue fa reuolution d'Occident en Orient en
49000 ans; le huictiéme ciel ou firmament en 7000 ans de fep-
tentrion vers Midy, tendant tantoft vers Orient & tantoft vers Occident; c'eft pourquoy ce mouuement eft appellé par Alphonce
mouuement de Trepidation: Or tous les trois orbes fufdits em-
portent bien quant & eux tous les fept autres inferieurs, mais aucun d'iceux ne meut ny emmeine quant & luy aucun des autres; tellement que chaque planette outre les trois fufdits mouuements, en
a encore vn quatriéme qui luy eft propre & peculier d'Occident
par Midy en Orient, felon lequel Saturne fait & accomplit fa reuolution quafi en trente ans: Iupiter prefque en douze ans: Mars quafi
en deux ans: le Soleil, Venus & Mercure en vn an ou 365. jours enuirō
5. heures 49. minuttes: Mais la Lune acheue fa periode & reuolu-

tión en vingt-fept jours prefque huict heures.

Or tout cecy s'entend felon l'opinion de ceux qui fuiuant Alphonce, pofent feulement dix cieux : car fuiuant quelques modernes Aftronomes qui en mettent vnze, il fe rencontre quelque diuerfité en ces mouuemens fuperieurs; mais d'autant que cela n'eft encore bien refolu, il fuffit pour le prefent de nous arrefter à la vulgaire opinion cy deffus. Voila donc fuccintement ce qui eft de la Sphere naturelle : voyons maintenant auec la mefme briefueté quels font les cercles defcrits & appliquez en la Sphere artificielle, laquelle nous auons dit auoir efté inuentée, pour demonftrer tant plus facilement les mouuemēs celeftes, & principalemēt du premier mobil : Car bien qu'on en puiffe faire où feroient reprefentés tous les mouuemens des cieux, comme on dit qu'en auoient Archimede & Sapor Roy de Perfe; fi eft-ce que celles qu'on fait ordinairement ne feruent que pour monftrer le mouuement du Soleil, celuy de la Lune, & principalement du premier mobil, pour l'intelligence duquel font appliquez en ladite Sphere artificielle dix cercles, de chacun defquels il nous conuient dire quelque chofe : mais au prealable eft à remarquer que les Aftronomes confiderent en la Sphere deux fortes de cercles, les vns majeurs & les autres mineurs : Ils appellent cercles majeurs tous ceux-là, qui ont leur centre auec celuy de ladite Sphere; & mineurs, ceux qui n'ont pas leur centre auec celuy de la Sphere. Or tous les cercles majeurs defcrits en vne mefme Sphere font égaux entr'eux, & couppent chacun la Sphere en deux également; mais les mineurs la couppent inégalement, & ne font tous égaux entr'eux, ains feulement ceux qui ont leurs centres également diftans de celuy de la Sphere : de ceux-là il y en a fix en la Sphere, qu'on nomme Equateur, Zodiaque, les Collures, l'Horifon & le Meridien; & de ceux-cy quatre, qui font les deux Tropiques, & les deux cercles polaires : chacun defquels dix cercles les Aftronomes conçoiuent eftre diuifés en 360 parties, qu'on appelle degrez, & puis chafque degré en 60 petites particules, qu'on nomme minuttes, & derechef chafque minutte en 60 petites parcelles, qu'on nomme fecondes, & ainfi confequemment de 60. en 60. Ces chofes premifes, expliquons chacun defdits cercles en particulier.

L'Equateur ou *Equinoctial*, eft vn grand cercle duquel les poles font

les mefmes que ceux du mònde vniuerfel, tellement qu'il eft également diftant d'iceux poles. Ce cercle eft nommé Equinoctial, pour
ce que le Soleil paffant deux fois l'année fous iceluy, eft fait Equinoxe par tout le monde, c'eft à dire que les iours font lors egaux
aux nuicts par toute la terre, ce qui arriue cnuiron le 21. Mars, & le
23. Septembre : mais il eft dit Equateur à raifon que par fon mouuement, qui eft regulier & vniforme, on vient à regler & égaler le
mouuement irregulier des autres cercles : Auffi eft-il la mefure &
regle du premier mouuement; car par iceluy on voit que le premier mobile fait fa reuolution pendant vingt-quatre heures, tellement que par chafque heure quinze degrez d'iceluy cercle s'éle-
uent vniformement fur l'Horifon, & en mefme temps 15 des mefmes degrez fe cachent deffous; c'eft pourquoy il mefure le temps.
Par iceluy cercle nous fçauons auffi quelles eftoilles, ou poincts
du ciel ont mefme declinaifon, & qu'elles l'ont plus grande ou plus
petite: veu que la declinaifon d'vne eftoille ou de quelcõque poinct
du ciel eft la diftance ou éloignement d'iceluy poinct à l'Equateur,
qui fe mefure fur vn grand cercle, qui paffe par ledit poinct ou étoil-
le, & par les poles du monde, & pour cette caufe, tel cercle eft ordinairement appellé cercle de declinaifon. Ledit cercle Equateur
monftre encore quelle partie du ciel eft dite Boreale ou Septen-
trionnalle, & quelle Auftralle ou Meridionnalle; tellement que les
Aftres & conftellations font dites Boreales, ou Auftralles, felon
la partie du ciel où elles font fcituées; ainfi celles qui font collo-
quées de l'Equateur tirant vers le pole Artique, font dites Septen-
trionnalles, mais celles qui font en l'autre moitié tendant dudit E-
quinoctial vers le pole Auftral, font dites Meridionnalles. Le mefme fe doit entendre des parties de la terre : car l'Equateur defcrit
en la terre, diftingue & fepare auffi la terre en partie Boreale, &
Auftralle. Par iceluy cercle eft auffi determinée la longueur des
jours artificiels & de la nuict de quelque lieu que ce foit: car en quel-
conque region, & en quelque temps de l'année que ce foit, le jour
artificiel eft autant que l'arc de l'Equateur qui monte fur l'Horifon pendant que le Soleil demeure en l'emifphere fuperieur audit
Horifon; puifque le jour artificiel n'eft autre chofe que l'efpace de
temps pendant lequel le Soleil paffe tout ledit Hemifphere fuperieur. Ce cercle eft auffi fort vtile en la Geographie; veu qu'à l'aide
d'iceluy

luy õn obtient fur le globe terreftre la vraye fituation des lieux, dont les latitudes & longitudes font cognuës.

Le *Zodiaque* eft vn grand cercle, qui couppe l'Equateur à angles obliques, & duquel les poles font éloignez de ceux du monde d'enuiron 23 degrez 30 minuttes; tellement qu'vne moitié d'iceluy cercle tend de l'Equateur vers Septentrion, & l'autre moitié vers Midy. Les Grecs ont nommé ce cercle *Zodiacos*, comme qui diroit porte-vie, d'autant que le Soleil, la Lune & les 5 autres planettes qui font toufiours leurs cours fous iceluy, caufent la vie & prodution des chofes engendrées fur la terre. Il eft auffi nommé porte-figne, pource qu'il eft diuifé en douze parties égales, qu'on appelle fignes, d'autant qu'elles fignent les plus notables & infignes accidens & mutations des chofes inferieures, caufées principalement par le cours annuel du Soleil au long dudit Zodiaque: chacun defquels fignes a pris fon nom fpecial de quelque animal, à caufe (dit-on) que la difpofition des eftoilles fixes qui font en telles conftellations, font vne figure femblable à celle defdits animaux: ou pluftoft à caufe qu'icelles conftellations d'eftoilles ont les vertus & proprietez attribuées à l'animal dont chafque figne prend le nom: defquels fignes enfuiuent leurs caraderes auec leurs noms & ordre.

♈	♉	♊	♋	♌	♍
Aries,	Taurus,	Gemini,	Cancer,	Leo,	Virgo,

♎	♏	♐	♑	♒	♓
Libra,	Scorpius,	Sagit.	Capricornus,	Aquarius,	Pifces.

Ledit cercle eft auffi appellé oblique, parce qu'il va en biaifant d'Orient en Occidēt, & qu'il ne couppe l'Equateur à angles droids: laquelle obliquité eft felon que le Soleil, la Lune, & les autres planettes s'approchēnt de noftre Zenith, & s'éloignent vers Midy, dont prouient la vaiieté & diuerfité de leurs effects naturels, qui caufent les generations & corruptions és chofes inferieures. Or à iceluy cercle du Zodiaque, les anciens Aftronomes auoient donné 12. degrez de largeur, mais les modernes luy en attribuent 16; au milieu de laquelle largeur, eft vne ligne appellée la voye du Soleil, d'autant que le Soleil fait toufiours fon cours fous icelle, mais les autres planettes faifant leurs reuolutions, cheminent bien con-

B

tinuellement fous ladite largeur,& toutesfois elles ne fuiuent icelle
ligne,ains font tantoft d'vn cofté,& puis tantoft de l'autre.Cette ligne eft encore nommée Ecliptique,à raifon que le Soleil & la Lune fe rencontrans fous ou fort prochés d'icelle,fe font les Eclipfes ;
fçauoir de Soleil,quand la Lune eft en mefme poinct du Zodiaque
que le Soleil;mais Eclipfe de Lune lors qu'elle fe trouue au degré
oppofite du Soleil.   Ledit Zodiaque diuife (comme dit eft) l'Equinoctial & eft pareillement diuifé de luy en deux moitiés,dont l'vne
decline vers Septentrion,& le pole Artique de 23.degrez 30. minuttes,& l'autre moitié vers la partie Auftralle & pole Antartique auffi
de 23. degrez 30.minuttes,qui fait que le Soleil & les autres planettes faifant leurs cours & propres mouuemens au long dudit Zodiaque,diftribuent leur influence & vertu fur la terre alternatiuement,
& que l'vne d'icelles moitiés produit fes fruicts pendant que l'autre
fe repofe : & les poincts des interfections d'iceux deux cercles font
appellez les poincts des Equinoxes, pour ce que le Soleil eftant
fous iceux,les iours font vniuerfellement égaux aux nuicts: & les
poincts du Zodiaque, qui font moyens entre lefdits equinoxes,
font appellez poincts Solfticiaux.Et eft à remarquer qu'encore que
tous les cercles de la Sphere artificielle foient figures de ceux ima-
ginez au premier mobile,neantmoins les douze fignes cy-deffus de-
clarez, conuiennent proprement au Zodiaque du firmament,au-
quel font ces conftellations là,& non pas au Zodiaque du premier
mobile,lequel n'a aucune marque ny veftige d'icelles images, non
plus que tous les autres cieux : C'eft pourquoy quand on dit que le
Soleil ou autre planette eft en quelque figne, on ne doit entendre
qu'il y foit effectuellement, puis que les planettes ne font au firmament auquel font les fufdits fignes,ains plus bas és cieux inferieurs,
mais on doit entendre qu'il foit au deffous d'vn tel figne du premier mobile. Comme quand on dit que le Soleil eft au figne d'A-
ries,il faut entendre qu'il eft fous Aries, eu égard à l'Ecliptique du
premier mobile,laquelle n'eft variable comme celle du firmament;
& ainfi des autres planettes: voire mefme toutes les eftoilles fixes
font dites eftre en quelque figne,côbien que la plus-part en foient
fort éloignees; mais pour entendre comme cela peut eftre, il faut
conceuoir que par les poles du Zodiaque, & par les commencement & fin de chafque figne,paffent deux grands cercles, & que

toutes les eftoilles qui font comprifes & enclofes entre ces deux cercles là, font dites eftre en ce figne là, qu'ils terminent & enfer‑ment.

Quant aux vfages dudit Zodiaque, il appert defia affez qu'il eft la regle & mefure du fecond mouuement qui fe faict d'Occident en Orient, tout ainfi que l'equateur eft la mefure du premier, qui au contraire fe faict d'Orient en Occident : que l'obliquité de ce cercle eft caufe de l'inegalité & diuerfité des iours & des nuicts ; voire mefme eft l'origine de toute la viciffitude & changement des temps & faifons de l'année : car d'icelle obliquité prouient l'appro‑chement & reculement que le Soleil & les autres planettes font de noftre Zenith, au moyen dequoy viennent ces changemens de temps & faifons, & font caufées les generations & les corruptions des chofes fublunaires. Nous auons auffi dit que fouz l'Ecliptique fe font les Eclypfes du Soleil & de la Lune ; c'eft affauoir Eclypfe du Soleil, quand en la conionction ou nouuelle Lune, icelle Lune eft fouz, ou fort proche de ladite Ecliptique : mais Eclypfe de Lu‑ne, quand en l'oppofition ou pleine Lune elle fe trouue auffi fouz ou proche d'icelle Ecliptique. Par le moyen de ce cercle, font auffi prifes & trouuées les latitudes & les lōgitudes, tant des eftoiles fixes qu'erratiques : car la latitude d'vne eftoile eft l'arc d'vn grand cercle qui paffe par les poles du Zodiaque & par le cētre de l'eftoi‑le, cōpris entre l'Ecliptique & le lieu de l'eftoille : Mais le degré de l'Ecliptique, par lequel paffe iceluy cercle de latitude, eft dit degré de la longitude de l'eftoille, parce qu'il monftre combien de de‑grez font compris entre iceluy, & le commencement d'Aries, du‑quel la longitude de toutes les eftoilles doit eftre prife, en proce‑dant felon l'ordre & fucceffion des fignes ; tellement que la longi‑tude d'vne eftoille n'eft autre chofe que l'arc de l'Ecliptique, com‑pté felon l'ordre des fignes depuis le commencement d'Aries du premier mobile, iufques au fufdit cercle de la latitude de l'eftoille.

L'HORISON eft vn grand cercle qui fepare l'hemifphere fu‑perieure du monde, laquelle nous voyons, d'auec l'inferieure qui nous eft cachee. Les poles de ce cercle font le poinct vertical ou zenith ; & celuy à luy oppofite appellé Nadir. Or pour bien con‑ceuoir que c'eft que l'horifon, imaginons-nous eftre au milieu d'v‑ne belle & grande campagne, où il n'y ait montagne ny arbre, ny

autre chofe qui puiffe arrefter noftre veuë : tellement que l'éften-
dant tout à l'entour de nous, rien n'empefche que nous ne voyons
iufques aux extremitez de la terre qui nous femble toucher le ciel;
& par ainfi toute cefte eftenduë & efpace comprife entre ces extre-
mitez-là, nous paroift comme vn cercle qui diftingue & fepare la
partie que nous voyons du ciel, d'auec celle que nous ne voyons
pas ; & c'eft pourquoy ce cercle eft appellé horifon , comme
qui diroit terminateur & borneur de la veuë. Les Aftronomes
diuifent ce cercle en horifon droiĉt, horifon oblique, & horifon
parallel : Ils appellent horifon droiĉt, celuy-là qui couppe l'equateur à angles droiĉts; & tel l'ont tous ceux qui habitent fouz ledit
equateur, qui à raifon de ce font dits auoir la Sphere droiĉte : Mais
l'horifon oblique, eft celuy-là qui couppe l'equateur à angles obliques; & tel l'ont tous ceux qui ont leur zenith hors de l'equateur
& de fes poles , lefquels à caufe de cefte pofition font dits auoir la
Sphere oblique : & l'horifon parallel eft celuy-là qui eft parallel à
l'equateur, ou pour mieux dire qui eft comme ioinĉt, & vn mefme
cercle auec iceluy equinoxial; & tel l'ont ceux qui habitent fouz
les poles du monde, qui à raifon de ce font auffi dits auoir la Sphere parallele.

Il appert donc que l'horifon eft caufe de la diuerfe habitude &
pofition de la Sphere ; qu'il diuife tout le ciel en deux hemifphe-
res, l'vn fuperieur vifible & apparent, mais l'autre inferieur & caché;
que par le moyẽ d'iceluy cercle, nous cognoiffons quelles eftoilles
font toufiours apparentes, quelles font toufiours cachees, & quelles
font celles qui lèuẽt & couchẽt : il môftre auffi les poinĉts du leuer
& coucher defdites eftoilles, & combien il eft diftant & efloigné du
vray Orient & Occident : Il monftre encore auec quel degré de l'E-
clyptique chafque eftoille fe leue & couche : à l'ayde d'iceluy cercle on trouue la latitude des lieux ; & auffi la quantité de quelque
iour & nuiĉt artificielle que ce foit.

Quant au cercle MERIDIEN, c'eft vn grãd cercle, qui paffant
par le zenith, & par les poles du monde, diuife la Sphere en deux
parties egales, dont l'vne eft Orientale, & l'autre Occidentale ; les
poles duquel cercle Meridien font les poinĉts des interfeĉtions de
l'horifon, & de l'equinoĉtial. Et d'autant que ce cercle diuife le iour
naturel, & auffi l'artificiel en deux moiĉtiez, il eft appellé Meridien,

ou le cercle de Midy; à raiſon que le Soleil eſtant au deſſus de l'horiſon,& patuenu à ce cercle,il partit le iour artificiel en deux ega-
ement; & auſſi quand il eſt paruenu à iceluy ſouz l'horiſon, il diuiſe pareillement la nuict en deux egalement: dont s'enſuit que tous
les lieux de la terre qui ſont ſouz vn meſme Meridien, ſont egalement diſtans d'Orient & d'Occident; c'eſt à dire qu'ils ſont auſſi
Orientaux & Occidentaux les vns que les autres, mais ne peuuent
pas eſtre egalement diſtans de l'equateur: & au contraire, les lieux
qui ſont plus Orientaux ou Occidentaux les vns que les autres, ont
diuers Meridiens.

Il eſt donc manifeſte par ce que deſſus,que le Meridien determine le temps ſemidiurne & ſeminocturne du iour artificiel; & qu'il
diſtingue la partie du monde Orientale d'auec l'Occidentale. A
iceluy cercle,les Aſtronomes commencent le iour naturel: il monſtre la plus grande hauteur du Soleil & des Eſtoilles,qui pour ce eſt
ditte hauteur Meridienne : & à l'ayde d'iceluy ſont trouuees les
longitudes, & les latitudes des lieux.

Pour les C O L L V R E S, ce ſont deux grands cercles, qui s'entrecouppent à angles droicts aux poles du monde; l'vn deſquels paſ-
ſant par les poincts des equinoxes,eſt nommé le Collure des equinoxes; mais l'autre qui paſſe par les poles du zodiaque, & par les
poincts ſolſticiaux, eſt dit Colure des ſolſtices. Ces deux cercles diuiſent , tant l'equateur que le zodiaque , en quatre quartiers preciſément correſpondans les vns aux autres; & les quatre poincts où
ils entrecouppent le zodiaque, qui ſont les commencemens d'A-
ries,de Cancer, de Libra, & de Capricornus,ſont nommez poincts
principaux ou cardinaux,à raiſon que les Aſtronomes s'en ſeruent
plus ſouuent que d'aucun autre poinct du zodiaque, & auſſi que le
Soleil paruenant à iceux,ſe font ordinairement les plus grandes &
ſenſibles mutations de l'air ; comme le Printemps, l'Eſté, l'Automne, & l'Hyuer. Sur le Collure des ſolſtices ſe prennent & meſurent
les declinaiſons du Soleil; tellemët que l'arc d'iceluy Collure compris entre l'equateur, & l'vn ou l'autre deſdits poincts ſolſticiaux,
eſt la meſure de la plus grande declinaiſon du Soleil; laquelle declinaiſon eſt touſiours egale à l'arc dudit Collure, compris entre
l'vn des poles du monde,& le prochain pole du zodiaque,qui ſelon
la vulgaire opinion, eſt maintenant de 23 degrez 30 minutes; mais

felon les obferuations de Tycho Brahé, d'enuiron 23 degrez 31 minuttes & demy.

Or voilà quant aux grands cercles appliquez en la Sphere artificielle; voyons ce qui eft des mineurs, & premierement des deux tropiques, fçauoir du Cancre & du Capricorne, puis des deux cercles polaires, qui font nommez cercles Artique & Antartique.

Le tropique de CANCER ou d'Efté, eft vn petit cercle parallel & equidiftant de l'equateur, lequel eft defcrit par le premier poinct du Cãcre au mouuement du premier mobile; & eft appellé folftice ou tropique d'Efté, d'autant que le Soleil eftant paruenu à iceluy, (ce qui aduict enuiron le vingt-deuxiefme Iuin) il nous fait l'Efté, & ne peut plus approcher de noftre Zenith: parquoy il commence lors à s'en efloigner, retournant vers l'equateur, duquel ledit cercle du tropique de Cancer eft diftant par 23 degrez 30 minuttes.

Le tropique de CAPRICORNE, ou d'hyuer, eft vn cercle mineur egal à celuy du tropique de Cancer, & qui eft auffi parallel à l'equateur, eftant fait & defcrit par le premier poinct du Capricorne au mouuemēt du premier mobile: & eft appellé folftice ou tropique d'Hyuer, à caufe que le Soleil eftant venu iufques-là, (ce qui aduient enuiron le vingt-deuxiefme Decembre) il nous fait l'Hyuer, & ne pouuant s'efloigner dauantage de noftre Zenith, il commence à fe rapprocher d'iceluy: & eft ledit cercle du tropique de Capricorne autant diftant de l'equateur, que l'autre tropique, fçauoir eft de 23 deg. 30 minuttes, felon la vulgaire opinion.

Or ces deux cercles des tropiques enferment la voye du Soleil, eftans comme les limites qui enuironnent au ciel vne plage ou region, dans laquelle le Soleil fe meut perpetuellement fans en fortir. Ils monftrent auffi en l'Ecliptique les deux poincts efquels aduiennent les folftices, & aufquels le Soleil obtient la plus grande declinaifon. Pareillement les fufdits tropiques monftrent en la Sphere oblique, quand & combien le Soleil s'approche & recule le plus qu'il peut de noftre Zenith. Ils diftinguent encore certaine plage qu'on appelle zone torride, de celles qu'on nomme zones temperées.

Le cercle ARTIQVE eft vn petit cercle diftant du pole Artique par l'efpace de 23 degrez 30 minuttes; mais equidiftant du tropique de Cancer par 43 degrez, & de l'equateur par 66 degrez 30 minuttes. Ce cercle eſt faict par le pole du zodiaque, qui eſt proche du pole Artique par la reuolution du premier mobile; c'eſt pourquoy il eſt appellé du nom dudit pole.

Quant au cercle A N T A R T I Q V E, c'eſt vn autre petit cercle egal au precedent, & fait à l'entour du pole Antartique par le pole du zodiaque prochain dudit pole Antartique au mouuement du premier mobile, tout ainſi & en telle diſtance que le precedent.

Il appert donc que ces deux cercles polaires monſtrent quelle eſt la diſtance des poles du zodiaque aux poles du monde; & diſtinguent les zones frigides des temperees: & pour l'intelligence d'icelles zones, eſt à notter que les quatre cercles mineurs ſuſdits diuiſent tout le ciel en cinq parties, que les anciens ont appellees zones, dont l'vne qui eſt compriſe & encloſe entre les deux tropiques fut nommée zone torride ou bruſlée; & les deux compriſes entre les meſmes tropiques, & les deux cercles polaires, furent appellées temperées, mais les deux autres qui ſont encloſes dans les deux ſuſdits cercles polaires ſont dittes zones frigides ou glacées.

Or voila ſommairement l'explication des dix cercles, dont la Sphere artificielle eſt ordinairement compoſée; mais les Aſtronomes en conſiderent encore pluſieurs autres au premier mobile, ſans la cognoiſſance deſquels on ne peut bien ſçauoir ny entendre la fabrique & compoſition, ne l'vſage de pluſieurs inſtrumens, & principalement de celuy nommé Aſtrolabe, duquel nous voulons icy enſeigner la pratique & vſage: c'eſt pourquoy nous mettrons encore icy la declaration deſdits cercles, delaiſſant toutesfois ceux nommez cercles de declinaiſon, & de latitude, deſquels nous auons ia parlé cy deſſus.

Diſons donc A L M V C A N T A R A T H S ou cercles de hauteurs, ſont certains cercles mineurs parallels à l'horiſon, deſcrits par chaques poincts du ciel; l'office deſquels cercles eſt de monſtrer quelles eſtoilles ont vne meſme diſtance à l'horiſon, & quelles l'ont moindre ou plus grande: en l'hemiſphere ſuperieur ceſte diſtance eſt nommée hauteur du Soleil ou des eſtoilles au deſſus de l'horiſon: mais en l'hemiſphere inferieur, ceſte diſtance à l'horiſon eſt appellée depreſſion au deſſouz de l'horiſon: tellement que par le moyen de ces cercles, on dit vne eſtoille eſtre plus ou moins eſleuée au deſſus de l'horiſon, ou deprimée au deſſouz d'iceluy.

AZIMVTHS, ou cercles verticaux, ſont certains grands cercles tirez par chaques poincts de l'horiſon, & par les poles d'iceluy, c'eſt à dire par le zenith & par le nadir; deſquels celuy qui paſſe par l'interſection de l'horiſon & de l'equateur, eſt ordinairement appellé premier vertical, ou principal vertical: lequel cercle determine les poincts du vray Orient, & du vray Occident: tellement qu'iceluy & le Meridien, deſignent en l'horiſon les quatre principaux poincts du monde, c'eſt aſſauoir l'Orient, l'Occident, le Septentrion & le Midy, en diuiſant tant l'horiſon que l'hemiſphere en quatre parties egales.

Les Aſtronomes conçoiuent & imaginent eſtre deſcrits par chaques poincts du ciel certains cercles mineurs parrallels à l'equateur, l'office deſquels eſt de monſtrer quelles eſtoilles ou poincts du ciel ont vne meſme declinaiſon & diſtance à l'equateur, & quelles en ſont plus proches ou plus eſloignées. Item ils monſtrent quelles eſtoilles ſe leuent & couchent en vn meſme poinct de l'horiſon, & auſſi celles dont le poinct du leuer & coucher approche plus de Septentrion ou de Midy: car tous les aſtres ou poincts du ciel qui ſont en vn meſme parallel de l'equateur, ont vne meſme declinaiſon, & ſe leuent & couchent à vn meſme poinct de l'horiſon; mais celuy qui eſt en vn moindre parallel, a plus grande declinaiſon que celuy qui eſt en vn plus grand; & le poinct du leuer ou coucher de celuy-là, eſt plus eſloigné du vray Orient, ou du vray Occident, que le poinct du leuer ou coucher de ceſtuy-cy. Or du nombre de ces cercles parallels à l'equateur ſont les cercles des tropiques, & auſſi les polaires.

Les Aſtronomes conçoiuent encore eſtre deſcrits par chaſques poincts du ciel, certains autres cercles parallels à l'Eclyptique, par le moyen deſquels on diſtingue quelles eſtoilles ont vne meſme latitude, & quelles l'ont moindre ou plus grande: car les eſtoilles qui ſont en vn meſme parallel de l'Eclyptique ont vne meſme latitude; mais celles qui ſont en vn parallel plus proche de l'Eclyptique, ont moindre latitude que celles qui ſont en vn plus eſloigné.

Il y a encore certains cercles qu'on appelle ordinairement les parallels du Soleil; pour l'intelligence deſquels, eſt à notter que pendant que le Soleil va par ſon propre mouuement d'vn tropique à l'autre, il faict par le mouuement du premier mobile enuiron 182 tours & demy, qu'on appelle cercles parallels, à raison du peu de difference qu'ils ont à des cercles : car à cause que le Soleil se meut continuellement en son ciel, ces tours ne peuuent pas estre cercles parfaits, mais sont comme lignes spirales : & les arcs d'iceux cercles faicts pendant que le Soleil est au dessus de l'horison sont appellez arcs diurnes, & ceux d'audessouz arcs nocturnes.

On considere aussi les CERCLES HORAIRES, lesquels sont diuers, à raison que toutes nations ne comptent leurs heures de mesme sorte : car és lieux où les heures sont prises egales, & comptées depuis midy ou minuict, lesdits cercles horaires sont douze grands cercles, lesquels passans par les poles du monde diuisent l'equateur, & tous les cercles parallels d'iceluy, en vingt-quatre parties egales ; l'vn desquels cercles est le mesme Meridien duquel sont commencées à compter les heures susdites. Mais aux lieux esquels on commence à compter les heures au leuer ou au coucher du Soleil, les cercles horaires sont certains grands cercles qui touchent deux parallels de l'equateur, dont l'vn est le plus grand parallel de ceux qui apparoissent tousiours sur l'horison ; & l'autre le plus grãd de ceux qui n'apparoissent iamais, & ce aux poincts esquels iceux parallels sont couppez par les precedans cercles horaires. Et quant aux cercles horaires des lieux ausquels on vse des heures inegales, ce sont deux grands cercles qui ne passent, ny par les poles du monde, ny ne touchent les susdits patallels, mais diuisent en 12 parties egales tous les arcs des parallels de l'equateur, tant les diurnes que les nocturnes.

Il y a finablement les cercles des maisons celestes, qui sont six grands cercles, lesquels passans par les intersections du Meridien auec l'horison, couppent l'equateur en 12 parties egales ; quoy faisant, ces six cercles entre lesquels sont nombrez l'horison & le meridien, diuisent tout le ciel en 12 parties, que les iudiciaires appellent maisons & domiciles celestes. Or voila succinctement ce que i'ay estimé deuoir estre entendu de la Sphere du monde, auparauant que venir a l'vsage de l'Astrolabe, que nous expliquerons maintenant ; & pour ce faire commencerons par la declaration des parties d'icelle.

C

DECLARATION DES PARTIES
de l'Aftrolabe.

'ASTROLABE eft vn inftrument plat & rond, compofé de plufieurs lignes tant droictes que circulaires, vtile à diuerfes operations Aftronomiques & Geometriques, appellé par aucuns Planifphere, c'eft à dire Sphere mife & reduitte fur vn plan par l'art de Geometrie & Perfpectiue. Quelqu'vns veulent qu'il deriue du mot grec ASTRON, dit en François aftre, ou congregation d'eftoilles; & de LABION, qui fignifie anfe ou poignée, comme qui diroit l'anfe des aftres: car cet inftrument a vn anfe par laquelle on le fufpend pour obferuer les mouuemens des aftres.

Quant à l'inuention d'iceluy, les vns l'attribuent à Abraham; les autres difent qu'il fut inuenté du temps de Salomon par vn nommé Lab, & que d'autant qu'Aftor ou ASTRO, en langue Hebraique, eft comme fi on difoit lignes en François: cet inftrument eft appellé Aftrolabe, c'eft à dire les lignes de Lab: Il y en a d'autres qui l'ont attribué à Ptolomée, & d'autres à Meffahalach.

Or cet inftrument eft diuifé en deux principales parties, defquelles l'vne eft ditte partie interieure & face de l'Aftrolabe, en laquelle eft vne côcauité appellée mere: mais la partie pofterieure eft nommée le dos de l'Aftrolabe: & chacune d'icelles parties n'eft toufjours femblable en tout Aftrolabe, vne chofe eftant quelquesfois aux vnes qui n'eft pas aux autres; mais voicy ce qui fe trouue en celuy que nous auons maintenant en main, & dont nous voulons defcrire icy l'vfage.

Premierement au dos d'iceluy inftrument font deux lignes diametrales s'entrecouppans à angles droicts au centre d'iceluy, en quatre parties egales feruans aux quatre parties du monde, Orient,

Occident, Septentrion, & Midy, lesquelles il conuient bien not
ter pour l'intelligence de la situation des parties du monde: la premiere vient de la partie senestre ou Orientale à la partie dextre ou
Occidentale, & est nommée horison droiſt & vniuersel ; la moiſtié
qui est depuis le poinſt d'Orient iusques au centre, est appellée la
ligne Orientale, & l'autre moiſtié qui est depuis le centre iusques
au poinſt d'Occident, est ditte Occidentale. L'autre ligne diame-
ſtrale qui descend de l'anneau, ou partie Meridionale en bas à la
partie Septentrionale,est appellée la ligne du milieu du ciel,dont la
moiſtié qui est depuis l'anse ou anneau iusques au centre, est ditte
la ligne de Midy, & l'autre moiſtié depuis le centre iusques en bas,
est nommée ligne de minuiſt.

En apres d'iceluy centre de l'Astrolabe sont descrites plusieurs
peripheres de cercles, faisans diuers interuales ou espaces, au plus
haut desquels interuales sont côtenus certains nombres,qui com-
mençans à l'horison vont tousiours en croissant de 5 en 5 iusques à
la ligne du milieu du ciel où se trouue 90,qui sont pour les degrez
de hauteur,soit du Soleil ou des estoilles au dessus de l'horison.

A l'interuale suiuant sont les degrez particulierement nottez
d'vn à vn, qui referez aux nombres susdits, sont appellez degrez
d'altitudes ou hauteurs: mais s'ils sont referez aux nombres descrits en l'espace & interuale suiuant, qui vont en augmentant de 5
en 5 iusques à 30,on les appelle degrez des signes du zodiaque,dont
les noms,figures,& caraſteres se voyent au quatriesme interuale.
Or ces trois dernieres espaces sont ordinairement prises ensemble,
& s'appellent le cercle des signes.

Apres & au dedans du susdit cercle des signes,il y a celuy des
iours de l'an, qui est premieremēt distingué d'vn àvn, & puis apres
selon les douze mois qui y sont nottez,auec les nombres de leurs
iours.

Il y a encore au dessus de la ligne horisontale six peripheres dë
cercles,faisans 5 interuales ou espaces, au premier desquels est le
cycle Solaire, au 2e. les lettres Dominicales,au 3e. le nombre Dor,
au 4e. l'Epaſte, & au dernier le iour auquel la celebration de la
feste de Pasques eschet, ès années posées au dessouz.

Etsouz la ligne de l'horison sont descrits deux quarrez Geometriques,autrement nommés eschelle altimettre, laquelle diui-

fée en deux parties par la ligne de minuict, conftitue lefdits deux quarrez Geometriques, lefquels ont chacun deux coftez diuifez en 12 parties egales, & derechef icelles 12 parties diuifées en 60 moindres parties, dont nous parlerons plus amplement cy apres.

Et finablement fur le centre de l'Aftrolabe il y a vne regle appellée vulgairement Alidade ou Dioptre, vers les bouts de laquelle font eſleuées deux petites tablettes ou pinulles, perſées chacune de deux pertuits l'vn grand & l'autre petit, laquelle fert pour prendre la hauteur du Soleil, des eſtoiles, & autres obſeruations.

Or voilà quant aux parties du dos de l'Aftrolabe; voyons celles de l'autre partie appellée face, ou mere de l'Aftrolabe.

Premierement donc, en icelle face eſt vn bord ou lymbe, diuifé en 360 parties, auec nombres difcernez par cercles; l'vn bas, qui contient les degrez de l'equinoctial, cottez par nombres croiſſans de 5 en 5 iuſques à 90, comme ceux du dos; & l'autre haut, qui contient le nombre des 24 heures du iour. Or ces 360 parties referées aux nombres de l'equateur font appellez degrez, deſquels chacun contient 60'. mais fi on les refere aux nombres des heures, les 15 parties ou degrez font vne heure, & vn chacun degré 4 minuttes d'heure.

Dedans le limbe eſt la mere, laquelle contient en fa concauité pluſieurs tables faictes & conftruictes pour diuerſes regions & païs differens en latitudes & eſleuations polaires: car felon la diuerſité & variation des lieux & climats, font variés & diuerſifiés les iours & les nuicts, les aſcentions & defcentions des fignes & eſtoilles, & pluſieurs autres choſes, comme fera monftré cy apres.

Or fur le centre de chacune d'icelles tables font defcrits trois cercles, dont le plus petit, qui eſt le plus proche du centre, eſt le cercle du tropique de Cancer ou d'Efté: le cercle moyen qui eſt au milieu eſt l'equinoctial; & le troiſiefme, qui eſt le plus grand, eſt le tropique de Capricorne ou d'Hyuer, au regard de nous qui habitons la partie Septentrionale du monde.

Il y a deux lignes droictes, lefquelles s'entrecouppent à angles droicts au centre de la mere, qui eſt le centre du monde, & font dittes icelles deux lignes les diamettres de l'inftrument, deſquels le premier defcend de la partie fuperieure par le centre à la partie inferieure, & eſt appellée la ligne du milieu du ciel, ou de Midy. L'au-

tre diamettre qui couppe le premier fufdit à angles droiĉts,eſt l'horiſon droiĉt ou finiteur de ceux qui habitent fouz l'equateur, tout
ainfi que nous auons dit en l'autre face.

Apres enfuiuent pluſieurs cercles Almucantaraths,leſquels font
defcrits en l'hemiſphere, ou partie fuperieure en tirant vers Midy,
aucuns defquels font entiers & parfaiĉts, & les autres imparfaiĉts:
& le premier d'iceux eſt appellé horiſon oblique ; & le centre du
dernier defdits Almucãtaraths eſt le zenith de la region,où du lieu
pour lequel la table a eſté faiĉte: iceluy poinĉt eſt auſſi appellé le
pole de l'horiſon d'icelle region, ou lieu pour lequel ladite table
eſt defcripte: car entre iceux Almucantaraths,depuis l'horiſon iufques audit zenith,de toutes parts font compris 90 degrez diuiſez
de 2 en 2 : tellement qu'iceux Almucantaraths font ſeulement defcrits de deux en deux dégrez : & font icy faits leſdits Almueanta-
raths pour y appliquer le Soleil,ou les eſtoilles fixes , toutesfois
& quantes que l'on prend leurs hauteurs fur l'horiſon, comme il
fera monſtré cy apres.

En apres viennent les Azimuths ou cercles verticaux , qui paſſent tous par le zenith, & font defcrits ſeulement de cinq en cinq
degrez iufques à 90, chaque Almucantarath eſtant diuiſé en quatre quarts de cercle,leſquels quartiers font diſtinguez l'vn de l'autre par la ligne du milieu du ciel, & par le principal Azimuth , qui
eſt, comme nous auons ia dit,celuy qui paſſe du vray Orient par
noſtre zenith au vray Occident. Ces cercles font appellez par aucuns cercles de Reĉtitude,pource que par eux nous ſçauons droiĉtement & à la verité en quelle partie du monde chacune eſtoille
fe leue ou s'abſconſe, comme fera monſtré cy apres.

Souz l'horiſon oblique en la partie inferieure, font defcrits 10
arcs,leſquels fortans du tropique de Cancer paſſent par l'equinoĉtial, & vont à l'autre tropicque. Or ces dix arcs, auec la ligne de
minuiĉt & l'horiſon, conſtituent & font les 12 heures inegales des
anciens,autrement dittes heures des Planetres, chacune deſquelles
eſt marquee par fon nombre ; & celles qui font à dextre, qui commencent en la partie d'Occident, feruent pour les heures auant
midy ; & celles qui font à ſeneſtre,pour les heures d'apres midy. Et
de nuiĉt,celles qui font à dextre feruent pour les heures auant minuiĉt, & celles du coſté ſeneſtre,pour les heures d'apres minuiĉt.

Entre les ſuſdits arcs des heures inegales, il y a vne ligne nom-mée Crepuſculine, par le moyen de laquelle on trouue le poinct du iour, & le commencement de la nuict.

Dauantage ſont deſcrits quatre grands arcs, touchant de leurs extremitez le cercle du tropique de Capric. leſquels paſſēt tous par le poinct ou s'entrecouppent le Meridien & l'horiſon oblique; leſquels cercles, auec ledit horiſon & ladite ligue du milieu du ciel, diuiſent l'equateur en 12 parties egales, qui nous repreſentent les 12 maiſons celeſtes, dont la premiere commence en la partie Orien-tale de l'horiſon oblique, & continuë iuſques à l'interuale de 30 de-grez en l'equateur ou commence le deuxieſme, & ainſi des autres, ſelon l'ordre des ſignes; les ſix premieres deſquelles maiſons ou domiciles celeſtes ſont ſouz l'horiſon, & les ſix autres au deſſus en noſtre hemiſphere.

Reſte maintenant à parler de l'Araigne, appellée par aucuns Port'eſtoille, d'autant que ſur icelle ſont deſcrits les 12 ſignes du Zodiaque, & certain nombre d'eſtoilles fixes des plus claires & re-luiſantes au 8e. ciel, auec la grandeur d'icelles, denottée par nom-bres.

Et finablement il y a vne regle nommée Index ou Oſtenſeur, qui tourne ſur le centre de l'inſtrument autour du limbe, pour monſtrer les heures & degrez de l'equateur & du zodiaque, le Le-uant & Couchant du Soleil & des eſtoilles, comme il ſera monſtré cy apres.

Or voilà quant aux noms & parties de l'Aſtrolabe, voyons maintenant ce qui eſt de ſon vſage.

L'VSAGE ET PRATIQVE
DE L'ASTROLABE.

PROPOSITION PREMIERE,

Pour trouuer en quel figne & degré eft le Soleil à quelque iour propofé ; & auffi fon degré oppofite nommé Nadir.

POVR CE que la cognoiffance du vray lieu du So-leil nous ouure & manifefte plufieurs vtilitez, qui au contraire nous font oftez & cachez par l'igno-rance d'iceluy, nous auons mis cefte propofition la premiere. Pour donc fçauoir le lieu du ☉ au zodiaque à quelque iour propofé, pofez l'Alli-dade du dos de l'Aftrolabe fur ledit iour propo-fé, & où elle touchera au cercle des fignes, là apparoiftra le degré, & le figne auquel fera le ☉ au Midy d'iceluy iour ; & le mefme degré du figne qui fera à l'autre bout de l'Alidade fera le Nadir du ☉.

Pour exemple, ie veux fçauoir le lieu du ☉ au Zodiaque le vn-ziefme iour de May de cefte année 1610. Ie mets donc l'Alidade du dos de l'Aftrolabe fur ledit iour, & ie trouue fur le cercle des fignes enuiron 20 d.♉ pour le lieu du ☉ à cedit iour vnziefme May ; & l'autre bout de l'Alidade me môftre auffi 20 d. ♒ pour le Nadir d'i-celuy.

Or il eft à notter qu'en l'année biffextile, il faut compter vn de-gré plus qu'il ne fera trouué au cercle des fignes, depuis le 25e. Fe-urier. Et l'on fçaura quand il eft biffexte en diuifant les ans paffez depuis 1600 par 4 : car s'il ne refte rien, l'année eft biffextile ; mais s'il refte 1, 2, ou 3, l'année eft apres le biffexte en tel nombre que de-notte le refte de la diuifion.

Par la mefme maniere nous trouuerons le iour du mois le degré du ☉ eftant cogneu : Car l'Alilade eftant pofée fur ledit degré du

Soleil, elle p'affera par le iour du mois refpondant audit degré du Soleil.

Mais eft à notter que le lieu du Soleil ne peut eftre exactement trouué ainfi que deffus, mais fe doit obferuer au ciel auec de fort grands inftrumens exactement fabriquez, ou bien fe trouuera dans des Ephemerides, ou autres tables calculées pour cet effect.

PROPOSITION II.

Pour fçauoir le nombre d'or de chacune année propofée.

IL faut premierement notter que le Cycle du nombre d'or où nous fommes à prefent, commença l'année 1596, & finira en 1614 : & partant en l'année 1615 commécera vn autre cycle. Si donc vous defirez fçauoir le nombre d'or de quelque année propofée, fi icelle eft au deffous de 1615, comptez fur le premier nombre d'or qui eft au cercle, defcrit fur le dos de l'Aftrolabe de ladite année 1596, & continués de nombre en nombre iufques à l'année propofée ; & ou ladite année fe terminera, fera le nombre d'or d'icelle année. Comme pour cefte année 1610, ie compte 96 fur le premier nombre du cycle du nombre d'or, & continuant iufques à ladite année 1610, icelle fe termine fur le nombre 15 ; & partant tel eft le nombre d'or de ladite année. Mais fi l'année propofée furmonte 1614, il fera plus bref de compter 1615 au premier nombre d'or.

Vous fçaurez auffi facilement ledit nombre d'or par le moyen des nombres, fçauoir eft adjouftant 1 au nombre de l'année propofée, & diuifant ledit nombre par 19, & viendront au quotient le nombre des cycles du nombre d'or paffez, mais reftera le nombre d'or de l'année propofée, ou bien s'il ne refte rien, 19 feroit le nombre d'or. Ainfi pour trouuer le nombre d'or qui courra en l'année 1612 ; i'adioufte 1, & font 1613, que ie diuife par 19, & viennent 84 au quotient pour le nombre des cycles paffez, mais refte encore 17 pour le nombre d'or de l'année 1612. Auffi pour fçauoir le nombre d'or qui courra en l'année 1633, i'adioufte 1, & viennent 1634, que ie diuife par 19, & ne refte rien : parquoy ie dis que 19 eft le nombre d'or de ladite année 1633.

PROP. III.

PROP. III.

Pour ſçauoir l'Epaſte de chacune année propoſée.

VO vs trouuerez au cercle du nombre d'or, celuy de ladite année propoſee par la propoſition precedente, & au droiɛt dudit nombre d'or, vous trouuerez au cercle des Epaɛtes celle cherchée: comme pour ceſte année 1610, i'ay trouué 15 pour nombre d'or, au droiɛt deſquels, au cercle des Epaɛtes, ie trouue 5 pour l'Epaɛte de ladite année.

Le meſme ſe fera auſſi par le moyen des nombres, ſçauoir eſt multipliant le nombre d'or par 11, & adiouſtant 20 au produit, & le tout eſtant diuiſé par 30, le reſte donnera l'Epaɛte cherchée; mais s'il ne reſtoit rien, 30 ſeroit l'Epaɛte. Ainſi pour trouuer l'Epaɛte courante en l'année 1612, ie trouue par la precedente propoſition, que le nombre d'or d'icelle ſera 17, que ie multiplie par 11, & viennent 187, à quoy i'adiouſte 20, & font 207, que ie diuiſe par 30, & reſte 27 pour l'Epaɛte de ladite année 1612.

PROP. IV.

Pour trouuer le iour de la nouuelle Lune.

IL faut adiouſter l'Epaɛte au nombre du mois, à commencer à compter à Mars, ſi le mois auquel on deſire ſçauoir la nouuelle Lune eſt depuis Mars: car ſi c'eſtoit en Ianuier, il faudroit adiouſter ſeulement 1 à l'Epaɛte, & en Feurier 2; & ce qui viendra de l'addition, le faut oſter de 30, & le reſte ſera le nombre du iour auquel ſe fera la nouuelle Lune. Mais il eſt à notter qu'en l'année biſ-ſextile, on doit adiouſter encores 1 au nombre de l'addition. Ou bien cherchez l'Epaɛte au dos de l'Aſtrolabe au mois propoſé; & le iour que vous trouuerez vis à vis d'icelle Epaɛte, ſera celuy de la nouuelle Lune.

Exemple, ie veux ſçauoir à quel iour ſe fera la nouuelle Lune en ce mois d'Auril 1610. Pour deux mois i'adiouſte 2 à 5, que i'ay trouué par la precedente propoſition eſtre l'Epaɛte de ceſte pre-

D

ſente année, & viennent 7, leſquels i'oſte de 30, & reſtent 23 ; & partant ie dis qu'à tel iour dudit mois d'Auril ſera la nouuelle Lune.

Mais il eſt à notter, que ſi le nombre de l'addition de l'Epacte, & du nombre du mois ſurpaſſoit 30, il faudroit reietter 30, puis oſter le reſte de 30, ſuiuant ce qui eſt dit cy deſſus : Comme pour exemple, ie veux ſçauoir à quel iour a eſté la conionction du mois de Decembre dernier paſſé. Ie trouue donc par la precedente propoſition que l'Epacte eſtoit 24, auec leſquels i'adjouſte 10 pour dix mois, & font 34, dont ie reiette 30, & demeurent 4, que i'oſte derechef de 30, & reſtent 26 pour le iour de la nouuelle Lune dudict mois de Decembre. Eſt toutesfois à notter, que ceſte voye de trouuer les nouuelles Lunes par les Epactes n'eſt pas bien certaine, ains donne le plus ſouuent vn iour d'erreur plus ou moins.

Il eſt manifeſte que par les choſes cy deſſus dittes, il ſera aiſé de conclurre le quantieſme de la Lune ſera quelque iour propoſé, neantmoins nous en ferons encores la propoſition ſuiuante.

PROP. V.

Pour ſçauoir l'âge de la Lune à quelque iour propoſé.

IL faut adjouſter à l'Epacte courante le nombre du mois, à compter ſeulement depuis Mars : car ſi c'eſtoit en Ianuier, il ne faudroit qu'adjouſter 1, & en Feurier 2 : en apres à la ſomme de ceſte addition, ſoit encore adjouſté le nombre des iours du mois propoſé ; & ce qui viendra n'eſtant plus de 30, ce ſera l'âge de la Lune ; mais s'il eſt plus de 30, ſouſtrayez-en 30, & reſtera iceluy âge de la Lune cherché. Pour exemple, voulant ſçauoir le quantieſme nous aurons de la Lune au douzieſme de ce mois d'Auril ; i'adjouſte l'Epacte 5 à 2 mois, & font 7, à quoy i'adjouſte encore le iour propoſé 12, & font 19 pour l'âge de la Lune audit douzieſme iour du preſent mois d'Auril. Mais pour trouuer ledit âge de la Lune au vingt-cinquieſme Iuin de ceſte année 1610 ; i'adjouſte l'Epacte 5 à 4 mois, & font 9, qui adjouſtez à ce iour propoſé 25, font 34, dont i'oſte 30, & reſtent 4 pour l'âge de la Lune audit iour propoſé.

PROP. VI.

Pour fçauoir en quel figne eft la Lune chacun iour.

IL faut fçauoir premierement par la premiere propofition le figne & degré du Soleil au iour propofé, puis apres l'âge de la Lune par la precedente propofition ; & fçachant l'âge de la Lune, il
faut multiplier iceluy par 12 degrez, puis diuifer le produit par 30,
& viendront au quotient les fignes paffez depuis celuy auquel le
Soleil fera trouué ; & adjouftant auffi les degrez reftant de la diuifion (s'il en refte aucun) auec les degrez du Soleil, viendront à peu
pres les degrez de la Lune.

Exemple.

Ie veux fçauoir en quel figne la
Lune eft auiourd'huy feptiefme
Auril 1610. Ie trouue donc par la
premiere propofition que le Soleil eft au dixfeptiefme degré du
figne d'Aries, & par la precedente,
te, 14 iours pour l'âge de la Lune,

```
    1 2
    1 4
    ___
    4 8          1
    1 2      168 (5
    ___       30
  1 6 8
```

par lequel ie multiplie 12 degrez, & viennent 168 degrez, lefquels
ie diuife par 30, viennent au quotient 5 fignes, & reftent 18 degrez,
lefquels 5 fignes 18 degrez i'adjoufte auec les 17 degrez du Soleil,
& font 6 fignes 5 degrez ; c'eft pourquoy ie dis que la Lune eft au
fixiefme figne, à compter depuis Aries, où le Soleil a efté trouué,
lequel fixiefme figne eft Libra. Que fi ie multiplie derechef l'âge
de la Lune par 12 minuttes, à caufe que le moyen mouuement iournal d'icelle eft enuiron 12 degrez 12 minuttes plus que celuy du Soleil, i'aurois le lieu de la Lune plus précis que deuant : Ie multiplie
donc les 14 iours de l'âge de la Lune par les 12 minuttes du mouuement, & viennent 168 minuttes, lefquelles diuifées par 60 minuttes,
viennent 2 degrez 48 minuttes, que i'adjoufte auec les 5 degrez
de Libra cy-deuant trouuez, & partant font 7 degrez 48 minut. ♎
pour le lieu de la Lune au Zodiaque audit iour propofé.

Or ledit lieu de la Lune ne se peut sçauoir precisément, sinon par obseruation Astronomique, ou bien par quelques Ephemerides, ou autres tables calculées pour cet effect.

PROP. VII.

Pour sçauoir le Cycle Solaire de quelque année proposée.

IL faut premierement notter que le Cycle Solaire estoit à l'vnité l'année 1588, & y retournera l'année 1616 : C'est pourquoy si vous desirez sçauoir le nombre du Cycle Sollaire de quelque année proposée, si icelle est moindre que 1616, comptez sur le premier nombre qui est au cercle descrit sur le dos de l'Astrolabe, ladite année 1588, ou bien 1616, si ladite année est au dessus ; & continuez de nombre en nombre iusques à l'année proposée, & où ladite année se terminera sera le nombre du Cycle Solaire d'icelle année. Comme pour ceste année 1610, ie compte 88 sur le premier nombre du cercle du cycle Solaire ; & continuant iusques à ladite année 1610, icelle se termine sur le nombre 23 ; & partant ie dis que 23 est le cycle Solaire de ceste année 1610.

La mesme chose se fera aussi par nombres, sçauoir est adjoustant 9 au nombre de l'année proposée ; puis diuisant le produict par 28, & ce qui restera de la diuision sera le cycle Solaire demandé : que s'il ne restoit rien, 28 seroit le cycle Solaire. Ainsi voulant trouuer le cycle Solaire de l'année prochaine 1611, i'adjouste 9, & font 1620, que ie diuise par 28, & restent 24 pour le cycle Solaire de ladite année 1611. Derechef voulant trouuer le cycle Solaire pour l'année 1615, i'adjouste 9, & viennent 1624, qui diuisez par 28, ne reste rien ; c'est pourquoy ie dis que 28 est le cycle Solaire qui courra en ladite année 1615.

Mais est icy à remarquer que le cycle Solaire, & les lettres Dominicales cottées sur le dos de l'Astrolabe graué par P. Danfrie, ne sont bien adaptées, & doiuent estre comme il ensuit, selon le Calendrier Gregorien.

Cycle Solaire.	1,	2,	3,	4,	5,	6,	7,	8,	9,	10,	11,	12,	13,	14,
Lettres	C.		E.			G.			B.					
Dominicales.	B.	A.	G.	F.	D.	C.	B.	A.	F.	E.	D.	C.	A.	G.
Cycle Solaire.	15,	16,	17,	18,	19,	20,	21,	22,	23,	24,	25,	26,	27,	28.
Lettres	D.			F.			A.							
Dominicales.	F.	E.	C.	B.	A.	G.	E.	D.	C.	B.	G.	F.	E.	D.

PROP. VIII.

Pour sçauoir la lettre Dominicale de chacune année.

IL faut aller au cercle du cycle Solaire, & trouuer le nombre du-dit cycle solaire de l'année proposée, & au droiƈt dudit nombre dudit cycle Solaire, au cercle des lettres Dominicales sera trouué celle de ladite année proposée; & s'il se trouue deux lettres ensemble, l'annee est bissextile; & la premiere desdites deux lettres seruira depuis le premier iour de Iäuier, iusques au vingt-cinquiesme Feurier, & la seconde pour le reste de l'année.

Pour exemple: Ie veux sçauoir la lettre Dominicale de ceste année 1610. Ie trouue donc par la precedente proposition, que le cycle solaire est 23; & vis à vis d'iceux, au cercle des lettres Dominicales, ie trouue la lettre C pour ceste année 1610. Derechef voulant sçauoir la lettre Dominicale qui aura cours en l'année 1612; ie trouue que le Cycle Solaire sera 25: & regardant vis à vis d'iceluy nombre au cycle Solaire, i'y voy deux lettres A & G: partant ie dis qu'en ladite année 1612, la lettre A aura cours iusques au 25 Feurier, & G tout le reste de l'année.

PROP. IX.

Pour sçauoir quel iour de la sepmaine sera quelque iour proposé.

VOvs trouuerez par la huiƈtiesme proposition le cycle Solaire de l'année, puis vous trouuerez iceluy en la table suiuante, & vis à vis d'iceluy en la colomne du mois proposé, vous prendrez le nombre qui s'y trouuera, lequel vous soustrairez du iour propo-

D iij

Table pour trouuer quel iour de la ſepmaine ſera quelque iour propoſé.

cycle Soll.	la.	Feb.	Ma.	Au.	May.	I.	Iuil.	Ao.	Sep.	Oct.	Nou.	Dec.
1	3	7	6	3	1	5	3	7	4	2	6	4
2	1	5	5	2	7	4	2	6	3	1	5	3
3	7	4	4	1	6	3	1	5	2	7	4	2
4	6	3	3	7	5	2	7	4	1	6	3	1
5	5	2	1	5	3	7	5	2	6	4	1	6
6	3	7	7	4	2	6	4	1	5	3	7	5
7	2	6	6	3	1	5	3	7	4	2	6	4
8	1	5	5	2	7	4	2	6	3	1	5	3
9	7	4	3	7	5	2	7	4	1	6	3	1
10	5	2	2	6	4	1	6	3	7	5	2	7
11	4	1	1	5	3	7	5	2	6	4	1	6
12	3	7	7	4	2	6	4	1	5	3	7	5
13	2	6	5	2	7	4	2	6	3	1	5	3
14	7	4	4	:	6	3	1	5	2	7	4	2
15	6	3	3	7	5	2	7	4	1	6	3	1
16	5	2	2	6	4	1	6	3	7	5	2	7
17	4	1	7	4	2	6	4	1	5	3	7	5
18	2	6	6	3	1	5	3	7	4	2	6	4
19	1	5	5	2	7	4	2	6	3	1	5	3
20	7	4	4	1	6	3	1	5	2	7	4	2
21	6	3	2	6	4	1	6	3	7	5	2	7
22	4	1	1	5	3	7	5	2	6	4	1	6
23	3	7	7	4	2	6	4	1	5	3	7	5
24	2	6	6	3	1	5	3	7	4	2	6	4
25	1	5	4	1	6	3	1	5	2	7	4	2
26	6	3	3	7	5	2	7	4	1	6	3	1
27	5	2	2	6	4		6	3	7	5	2	7
28	4	1	1	5	3	7	5	2	6	4	1	6

fé; puis diuiſerez le reſte par 7, & le reſte de la diuiſion ſera le nombre du iour de la ſepmaine que ſera ledit iour propoſé, & s'il ne reſtoit rien, ledit iour propoſé ſeroit le Dimanche.

Exemple : Voulant ſçauoir quel iour de la ſepmaine eſt le ſeptieſme Auril de ceſte année 1610 ; ie cherche 23, qui eſt le cycle Solaire de ceſtedite année en la premiere colomne de la table ſuiuante, & vis à vis d'iceux en la colomne du mois d'Auril, ie trouue 4, que ie ſouſtrais de 7, & reſtent 3, qui ne ſe peuuent diuiſer par 7 ; & partant ie dis que le ſeptieſme iour d'Auril eſt le troiſieſme iour de la ſepmaine, c'eſt aſſauoir Mercredy.

L'on ſçaura auſſi la meſme choſe, retenant par cœur ces douze ſyllabes.

Adam degebat ergo ci foz adri foz.

La premiere lettre de chacune deſquelles ſyllabes monſtre la lettre par laquelle chacun mois commence : Comme ce mot *Adam*, qui eſt de deux ſyllabes, ſignifie que Ianuier ſe commence par A, Feurier par D, & ainſi des autres : & ſçachant la premiere lettre de chacun mois, nous pourrons ſçauoir facilement à quel iour il entre : car par la lettre Dominicale de l'année, on ſçaura quel iour ſignifie chacune lettre ; ſçauoir eſt Lundy, Mardy, &c. Comme pour exemple, voulant ſçauoir quel iour eſt le ſeptieſme Auril de ceſte année 1610. Ie trouue par la huictieſme propoſition que la lettre Dominicale eſt C, mais par le vers cy deſſus, la premiere lettre du mois d'Auril eſt G ; & partant ledit mois commence vn Ieudy, duquel ie compte 7 iours, & eſcheent au Mercredy comme deuant.

PROP. X.

Pour ſçauoir le quantieſme iour eſt Paſques.

AV dos de l'Aſtrolabe ſont cottez les iours de la celebration de la feſte de Paſques iuſques en l'année 1630 : mais enſuit la maniere par laquelle leſdits iours, & ceux des autres années ſont trouuez.

Il faut premierement notter que la celebration de la Paſque eſt touſiours le Dimanche d'apres la pleine Lune du mois de Mars,

c'eſt à dire d'aprés 14 iours, la nouuelle Lune commençant entre le
8e Mars incluſiuement, & le cinquieſme Auril : c'eſt pourquoy il
faut trouuer, par la quatrieſme propoſition, la nouuelle Lune dudit
mois de Mars, & l'ayant trouuee compter 14 iours d'icelle, & le Dimanche ſuiuant ſera le iour de Paſques : & s'il arriuoit que le quatorzieſme iour eſcheuſt au iour de Dimanche, la ſolemnité dudit
iour de Paſques ne ſera que le Dimanche ſuiuant.

Exemple, ie veux ſçauoir à quel iour & mois eſcherra Paſques
ceſte année 1610 : Ie trouue donc premierement, par la quatrieſme
propoſition, que la nouuelle Lune de Mars eſt le vingt-cinquieſme
iour dudit mois ; c'eſt pourquoy ie commence à compter à ce iour
iuſques à quatorze, lequel quatorzieſme iour eſchet au ſeptieſme
Auril, que ie trouue, par la precedente propoſition, eſtre le Mercredy ; & partant le Dimanche ſuiuant, qui eſt le vnzieſme dudit
mois d'Auril, ſera le iour de Paſques.

PROP. XI.

Pour ſçauoir les feſtes mobiles de chacune année.

POVR venir à ceſte propoſition, il faut notter que le Lundy
des Rogations eſt le trente-ſeptieſme iour, à compter du iour
de Paſques ; l'Aſcenſion quarante iours ; la Pentecoſte le cinquantieſme ; la Trinité, le cinquante ſeptieſme ; la feſte Dieu, le ſoi-
xante-vnieſme ; & les Cendres, le quarante-ſeptieſme deuant Paſques : C'eſt pourquoy, pour ſçauoir leſdites feſtes mobiles de
chacune année, il faut premierement ſçauoir, par la precedente propoſition, le iour de Paſques, puis commencer à compter
dudit iour ſur le cercle des iours mis au dos de l'Aſtrolabe iuſques
à 37, & où ledit nombre de 37 finira, ſera le Lundy des Rogations,
& trois iours apres ſera l'Aſcenſion, & dix iours apres l'Aſcenſion,
ſera la Pentecoſte, de laquelle comptant ſept iours apres, viendra le iour de la Trinité ; & comptant derechef quatre iours
apres ledit iour de la Trinité, viendra le iour de la feſte Dieu ; mais
comptant ſur ledit cercle des iours en retrogradant, à commencer
au iour de Paſques iuſques à quarante-ſept iours, le iour où finira
ledit nombre de 47, ſera le iour des Cendres.

Exemple,

Exemple, ie veux fçauoir les feftes mobiles de cefte année 1610.
Ie trouue donc premierement, par la precedente propofition, que
la folēnité de la fefte de Pafques efchet au 11ᵉ. iour d'Auril: parquoy
ie commence à compter au cercle des iours audit 11ᵉ. Auril iufques
à 37, & finift ledit nōbre 37 au 17ᵉ. iour de May: parquoy ledit iour
fera le Lundy des Rogations: puis ie compte trois iours apres; &
partant l'Afcenfion fera le vingtiefme dudit mois: puis comptant
encores 10 iours, i'ay le trentiefme d'iceluy mois le iour de la Pen-
thecofte; & comptant encores 7 iours, i'ay le fixiefme iour de Iuin
pour la Trinité; & d'iceluy fixiefme iour, ie compte derechef quatre iours, & i'ay le dixiefme iour de Iuin pour la fefte Dieu: mais
pour fçauoir le iour des Cendres, ie commence à compter en retrogradant dudit vnziefme Auril iufques à 47, & finift ledit nombre 47 au 24ᵉ. Feurier, qui eft ledit iour des Cendres: mais il faut
notter qu'en l'année biffextile, qu'il faut compter 29 iours à Feurier.

PROP. XII.

Pour fçauoir la hauteur du Soleil, iceluy luifant fur l'horifon.

IL faut pendre l'Aftrolabe par fon anfe, & tourner le bord d'i-
celuy Aftrolabe droict au Soleil, & hauffer & abbaiffer l'alidade
iufques à ce que les rayons du Soleil paffent par les pinulles, & alors
ladite alidade monftrera au cercle de l'altitude combien de degrez
le Soleil eft lors efleué fur l'horifon.

Exemple, ie veux fçauoir l'altitude du Soleil. Ie pend donc l'A-
ftrolabe par fon armille, & tournant le bord d'iceluy droict au Soleil, ie hauffe & abbaiffe l'alilade tant que le rayon du Soleil paffe
par les pertuis des deux pinulles: cela faict, ie compte les degrez
depuis la ligne Orientale iufques à l'alidade, & ie trouue 24 degrez
au cercle des hauteurs; & partant telle eft la hauteur du Soleil: &
nous feruira ladite hauteur pour trouuer les heures, les latitudes, &
plufieurs autres obferuations.

Or il eft à notter qu'icelle hauteur eft de deux fortes, à fçauoir
matutine ou vefpertine, dont celle du matin fe faict pendant que le
Soleil monte d'Orient à Midy, & le demeurant du iour la vefpertine; C'eft pourquoy, quand vous ferez en doubte fi la hauteur par

E

vous priſe eſt matutine ou veſpertine, quelque peu de temps apres
vous prendrez derechef ladite hauteur, & ſi vous la trouuez plus
grande que celle premierement priſe, icelle eſt matutine ; mais ſi
elle eſt moindre, elle eſt veſpertine.

PROP. XIII.

Pour prendre la hauteur de quelque eſtoile veuë la nuict.

IL faut pendre l'Aſtrolabe au deſſus de l'œil, & hauſſer ou baiſ-
ſer l'alidade iuſques à ce que vous voyez par les trous des pinulles l'eſtoile dont vous deſirez ſçauoir la hauteur, & lors l'alidade
vous monſtrera au cercle de hauteur le nombre des degrez de l'altitude cherchée : & ſi vous eſtes en doute ſi ladite hauteur eſt Orientale ou Occidentale, il faut l'obſeruer deux fois, ainſi qu'il a eſté dit
du Soleil en la propoſition precedente ; & en la meſme maniere ſe
doit prendre la hauteur du Soleil, quand le temps eſt tellement ob-
ſcur & nebuleux, qu'on ne voit le Soleil qu'à peine au trauers des
nuages.

　　Exemple, Ie veux ſçauoir l'altitude de l'eſtoile nommée le cœur
du Lyon. Ie pend donc mon Aſtrolabe par ſon armille au deſſus de
mon œil, & tourne le bord droict à l'eſtoile ; puis ie hauſſe & baiſſe
l'alidade iuſques à ce que ie voye par les trous des pinulles ladicte
eſtoile cœur du Lyon ; & la voyant, ie trouue que l'alilade touche
au quarãtieſme degré du cercle de hauteur : & pour ſçauoir ſi icelle altitude eſt Orientale ou Occidentale, ie prend vn peu apres derechef ladite hauteur, & la trouue de 41 degrez : parquoy ie dis que
ladite premiere hauteur eſt Orientale.

PROP. XIV.

Comment ſe met le degré du Soleil, ou de quelque eſtoile, ſur leurs hauteurs, entre les Almicantaraths.

POVR ce faire, vous prẽdrez le degré du Soleil, ou l'extremité
de l'eſtoile de laquelle vous aurez pris la hauteur, & laquelle
ſera à l'araigne du zodiaque, & mettrez ledit degré ou extremité

ſur les Almicantaraths en ſemblable hauteur que vous les aurez trouué eſleuez ſur l'horiſon, commençant à compter en la partie Orientale de l'horiſon oblique, ſi c'eſt deuant midy, ou en l'Occidentale; ſi c'eſt apres, iuſques à ce que vous ayez trouué l'Almicantarath reſpondant à voſtre hauteur, & là vous arreſterez voſtre degré du Soleil, ou extremité de l'eſtoile.

Exemple: Le Soleil eſtant au vingt-deuxieſme degré de Taurus, & ſa hauteur trouuée de 51 degré auant midy ; ie compte icelle hauteur entre les Almicantaraths, commençant à la partie Orientale, pource qu'icelle hauteur eſtoit matutine, & là addreſſe ledit degré du Soleil: quoy faiſant, il eſt mis & diſpoſé en ſemblable hauteur qu'il a eſté trouué au ciel. Ce qui ſert pour trouuer les heures & autres practiques, ainſi qu'il ſera monſtré cy apres.

PROP. XV.

Comment s'obſerue la hauteur Meridienne du Soleil, ou d'vne eſtoile.

LA hauteur Meridienne, tant du Soleil, que d'autres aſtres, eſt la plus grande de tout le iour, & ſe faict quand l'aſtre eſt ſouz le cercle Meridien, laquelle hauteur ſe peut pratiquer en trois manieres.

La premiere eſt particuliere, ſeruant ſeulement pour le lieu qui a l'eſleuation du pole pour laquelle a eſté compoſée la table de l'Aſtrolabe dont on ſe veut ſeruir, & ſe pratique en ceſte maniere. Ayant pris le degré du Soleil, par la precedente propoſition, mettez ledit degré ſur la ligne de Midy en la face de l'Aſtrolabe, entre les Almicantaraths, deſcrits comme dit eſt, pour l'eleuation du lieu où vous voulez ſçauoir ladite hauteur Meridienne, & le nombre des degrez qui ſeront depuis le premier Almicantarath iuſques au degré du Soleil, ſera l'altitude du Soleil d'iceluy iour à midy. Et ainſi pourrez vous faire d'vne eſtoile, pour trouuer la hauteur Meridienne d'icelle.

Exemple: Le dixhuictieſme May deſirant ſçauoir la hauteur du Soleil à midy à l'eſleuation du pole de 49 degrez, qui eſt l'altitude de Paris; ie trouue, par la precedente propoſition, le lieu du Soleil au zodiaque, eſtre enuiron 27 degrez 15 minuttes ♉, que ie mets, par la precedente propoſition ſur la ligne de Midy, entre les Almi-cantaraths de la table deſcritte pour ladite eſleuation du pole de Paris; & ie trouue preſque 61 degrez, en comptant depuis l'horiſon oblique, ou premier Almicantarath, iuſques à la ligne de Midy, où i'ay poſé le lieu du Soleil : & partant la plus grande hauteur du So-leil audit iour dixhuictieſme May, eſt d'enuiron 61 degrez.

La ſeconde maniere : Il faut trouuer premierement la ligne Meridienne, & la deſcrire ſur vn plan bien vny, & parallel à l'hori-ſon : puis au milieu d'icelle ligne ficher vn ſtille ou eſguille à angles droicts : & quand vous verrez l'ombre d'iceluy ſtille eſtre droicte-ment au long de ladite ligne Meridionale, prenez l'altitude du So-leil : car alors elle ſera la plus grande de ce iour là. Or comme ſe trouue la ligne Meridionale, il enſuit.

Faictes premierement ſur bois, ardoize, ou autre choſe bien vnie & equidiſtante de l'horiſon, vn cercle : puis au centre d'iceluy dreſ-ſez perpendiculairement vn ſtille ou eſguille bien menuë, laquelle ſoit auſſi grande, ou peu moins, que le ſemidiametre du cercle : cela faict, prenez bien garde quelque temps deuāt midy, quand le bout de l'ombre dudit ſtille touchera iuſtement la periphere dudit cer-cle, & là ferez vne marque : puis apres midy faictes le ſemblable, lors que le bout de l'ombre ſortira dudit cercle; & couppant l'arc d'entre leſdits deux attouchemens en deux parties egales, & tirant vne ligne de ce lieu là par le centre du cercle, icelle couppera iceluy cercle en deux parties egales; & l'ombre du ſtille eſtant ſur icelle ligne, ſi vous prenez la hauteur du Soleil, comme dit eſt cy deſſus, vous aurez la hauteur Meridienne du Soleil à ce iour là.

Reſte la troiſieſme, qui eſt generale : prenez la hauteur du Soleil vn peu deuant midy, & ce par pluſieurs fois, iuſques à ce qu'elle deſcroiſſe, & la plus grande d'icelle ſera la hauteur Meridienne.

PROP. XVI.

Pour ſçauoir de iour, le Soleil eſtant veu, quelle heure il peut eſtre.

APRES auoir cogneu le degré du Soleil, par la precedente propoſition, & la hauteur d'iceluy, par la douzieſme ou trei-

zieſme propoſition, faut mettre, ſelon la quatorzieſme, ledit degré
du Soleil en telle hauteur entre les Almicantaraths : puis en mettāt
la regle ſur le degré du Soleil, icelle vous monſtrera au cercle des
heures deſcrittes au lymbe de l'inſtrument, le nombre des heures
qu'il ſera lors.

Pour exemple : voulant ſçauoir preſentement quelle heure il eſt,
par la precedente propoſition, ie trouue le degré du Soleil eſtre enuiron vingt-trois degrez trente minut. Taurus : & par la douzieſme, la hauteur d'iceluy eſtre cinquante degrez ; & partant ie poſe
les vingt-trois degrez & demy de Taurus à cinquante degrez entre
les Almicantaraths de la partie Orientale, à cauſe que c'eſt le matin ; & ſur iceluy degré i'applique l'alidade, & icelle me monſtre au
cercle des heures eſtre preſque dix heures.

PROP. XVII.

Pour ſçauoir de iour, le Soleil eſtant veu, les heures inegales.

HEVRES inegales, ou planetteres, eſt la douzieſme partie du
iour artificiel, ou de la nuict ſemblablement, & ces heures là
du iour commencent au Soleil leuant, mais celles de la nuict à Soleil couchant : & d'icelles heures vſoient les anciens, qui les appelloient encores heures des planettes, pource qu'ils les diuiſoient
ou diſtinguoient ſelon la domination & gouuernement des planettes, par leſquels ils diſoient les choſes de ça bas eſtre regies &
diſpoſées ; & nous les appellons inegales, d'autant que les iours artificiels ne ſont pas entr'eux egaux, ains ſont preſque touſiours ine-
gaux entr'eux, & auec les nuicts : & partant il s'enſuit que les heures d'vn iour ne ſont pas egales aux heures d'vn autre iour, ny aux
heures de la nuict ; mais pluſtoſt que les heures des plus grands
iours ſont les plus grands, & celles des plus courts ſont les moindres. Et partant en aucun temps ſont plus grands qu'en autres : car
l'heure determinée du plus grand iour, eſt plus grande que l'heure
determinée du moindre : non pas qu'elle ſoit ditte inegale compa-
rée aux autres heures du iour ; car elles ſont toutes egales, comme
eſtant chacune la douzieſme partie du iour : mais elles ſont inegales en egard, & faiſant comparaiſon aux heures des autres iours. Ce

nonobſtant deux fois l'année, tant les heures egales que les inega-les, ſont egales enſemble & pareilles, c'eſt aſſauoir quand le Soleil entre au commencement de Aries & Libra.

Quand donc vous voulez ſçauoir l'heure inegale du iour, ſça-chez le lieu du Soleil au zodiaque, ſa hauteur ſur l'horiſon : & puis mettez ledit degré du Soleil à l'Almicantarath de ſadite hauteur, où bien à l'endroit de l'heure egale, & le nadir du Soleil vous mon-ſtrera ſouz l'horiſon, entre les lignes des heures inegales, l'heure planettere du iour.

Exemple : Ayant trouué 22 degrez & demy du ſigne de Taurus, pour le lieu du Soleil, & 50 degrez pour ſa hauteur, ie veux ſçauoir quelle heure inegale il eſt. Mettant donc 22 degrez 30 minuttes ♉, ſur le cinquantieſme Almicantarath, l'Alidade me monſtre qu'il eſt preſque dix heures egales, mais le coſté oppoſite, c'eſt aſſauoir le 22 degré 30 min. ♍, me monſtre entre les arcs des heures inega-les, qu'il eſt 4 heures, & enuiron 20 min.

PROP. XVIII.

Pour ſçauoir de nuiĉt l'heure egale, par le moyen de quelque eſtoile deſcrite en l'araigne, & veuë au ciel.

TOVT ainſi que les heures egales ſont priſes de iour par l'al-titude du Soleil, ſemblablement de nuiĉt elles ſont priſes par l'altitude des eſtoiles fixes ; & pour ce faire, prenez l'altitude de quelques-vnes deſdites eſtoiles contenuës en l'araigne de ladite ta-ble : puis mettez ladite altitude entre les Almicantaraths, c'eſt à ſça-uoir en la partie Orientale, ſi l'eſtoille a eſté trouuée telle, ou Occi-dentale, ſi elle a eſté trouuée Occidentale : puis tournez l'araigne, en ſorte que la poinĉte de ladite eſtoile obſeruée ſoit preciſément deſſus l'Almicantarath de l'altitude ; cela faiĉt, mettez l'alidade ou index ſur le lieu du Soleil, & le bout d'iceluy index monſtrera ſur le limbe l'heure egale noĉturne, laquelle ſera auant minuiĉt, ſi le lieu du Soleil eſt deuant la ligne de minuiĉt ; mais apres minuiĉt, ſi le lieu du Soleil paſſe la ligne de minuiĉt.

Exemple : Suppoſé que le quatorzieſme Auril i'aye trouué de nuiĉt l'eſtoile Spica ♍, eſleuée de 30 deg. en la partie d'Orient :

Ie mets donc l'extremité, ou la poincte d'icelle ſur ladite hauteur, &apres ie poſe l'index ſur le degré du Soleil, qui eſt peu plus de 24 degrez♈, & le bout dudit index me mõſtre qu'il eſt enuiron 9 heures 40 minuttes du ſoir.

PROP. XIX.

Tour ſçauoir de nuiĉt l'heure inegale, par le moyen
de quelque eſtoile.

CHERCHEZ, par la precedente propoſition, l'heure egale: Car le bout de l'index, qui vous monſtrera au limbe l'heure egale, monſtrera auſſi l'heure inegale entre les arcs deſdites heures planetteres.

Exemple: Par la precedente propoſition, ayant trouué l'eſtoile nommée l'Eſpy de la Vierge, eſleuée 30 degrez ſur l'horiſon en la partie d'Orient, & icelle eſtant miſe entre les Almicantaraths, & l'index ſur le lieu du Soleil, ie trouue au limbe 9 heures egales, & enuiron 40 minuttes; mais entre les arcs des heures planetteres, ie trouue enuiron 4 heures 20 minuttes.

Or il ſera dit cy apres, comme on ſçaura plus preciſément que deſſus l'heure inegale.

PROP. XX.

Pour ſçauoir l'heure que le Soleil ſe leue ou couche chacun iour.

METTEZ le degré du Soleil ſur l'horiſon oblique de voſtre table en la partie d'Orient, & mettant l'index ſur ledit degré, le bout d'iceluy vous monſtrera au limbe l'heure que le Soleil ſe leue en toutes regions de latitude ſemblable à voſtre table, & tranſportant ledit index, auec ledit degré du Soleil, ſur l'horiſon en la partie Occidentale, vous ſera monſtré pareillement à quelle heure ſe couchera le Soleil.

Exemple: Ie veux ſçauoir l'heure du leuer & coucher du Soleil au vingt-cinquieſme May. Ie trouue donc le lieu du Soleil eſtre en-

uiron 4 degrez, lequel lieu du Soleil ie mets ſur l'horiſon oblique
en la partie Orientale : puis ie poſe ſur iceluy l'index, & ie trouue
au limbe enuiron 4 heures vn quart pour le leuer du Soleil: & tranſ-
ſportant ledit lieu du Soleil & index ſur ledit horiſon, en la partie
Occidentale, ie ttouue 7 heures 3 quarts pour le coucher du Soleil audit iour vingt cinquieſme May.

PROP. XXI.

*Pour ſçauoir l'arc du Soleil tant diurne que noƈturne, c'eſt à dire
la quantité du iour artificiel, & de la nuiƈt.*

NOvs entendrons par la quantité du iour l'eſpace du temps
qui eſt depuis le leuer du Soleil iuſques au coucher d'iceluy,
lequel eſt meſuré en l'arc equinoƈtial montant ſur l'horiſon, auec
la moiƈtié du zodiaque, commençant au degré du Soleil, iuſques
au nadir d'iceluy, ſelon l'ordre des ſignes: & pour ſçauoir icelle
quantité, mettez le degré du Soleil ſur l'horiſon oblique en la partie Orientale: puis l'index eſtant ſur iceluy, regardez quel degré il
touche au limbe; puis tournez l'yraigne auec ledit index, iuſques à
ce que le degré du Soleil ſoit ſur l'horiſon oblique en la partie Occidentale; & ce faiƈt, comptez les degrez du limbe, depuis le poinƈt
d'Orient iuſques à l'Occident, leſquels degrez ſeront l'arc iournal,
& iceux eſtans ſouſtrais de 360, reſterôt les degrez de l'arc noƈturne; leſquels degrez, tant de l'arc diurne que du noƈturne, eſtans reduits en heures egales, vous donneront la quantité du iour artificiel, & de la nuiƈt.

Exemple: Le vingt-quatrieſme May deſirant ſçauoir l'arc diurne & noƈturne. Ie poſe les trois degrez de Gemini, qui ſont les degrez du lieu du Soleil, ſur l'horiſon oblique en la partie d'Orient,
& ſur iceux l'index; & iceluy touche au limbe le vingt-cinquieſme
degré; puis tournant l'yraigne auec ledit index ſur ledit horiſon en
la partie d'Occident, iceluy index vient toucher le vingt-cinquieſme degré d'audeſſous la ligne de l'horiſon; & partant ce ſont 360
degrez pour l'arc diurne, qui ſouſtrais de 360, reſtent 138 deg. pour
l'arc noƈturne: & iceux deux arcs reduits en temps, viennent quinze heures 20 minuttes pour la quantité du iour artificiel, & 8 heures

res 40 minuttes pour la quantité de la nuict.

Autrement.

Cherchez, par la precedente propoſition, le temps depuis midy
iuſques au ſoleil couchant, & l'ayant trouué, doublez le, & vous
aurez la quantité du iour, lequel ſi vous ſouſtrayez de 24 heures,
reſtera la quantité de la nuict.

PROP. XXII.

*Pour ſçauoir l'arc de l'equateur qui monte ſur l'horiſon durant
vne heure inegale, tant de iour que de nuict.*

LEs degrez de l'equinoctial qui montent en vne heure plane-
tere, font l'arc ou la portion de l'heure inegale, leſquels degrez
reduits en temps monſtrent la quantité d'vne heure inegale : doncques ſi vous voulez ſçauoir à quelque certain iour l'arc de l'equinoctial correſpondant à l'heure inegale du iour ; prenez, par la precedente propoſition, l'arc diurne, & diuiſez iceluy par 12, & au quotient vous aurez le nombre des degrez de l'heure inegale du iour, &
s'il reſte quelque choſe, multipliez-le par 60, & diuiſez le produit
par 12, & vous aurez au quotient les minuttes des degrez de l'arc
de l'heure inegale outre les degrez entiers. Donc ces degrez & minuttes eſtans trouuez par telle diuiſion, ſont dits l'arc ou portion de
l'equateur de l'heure inegale du iour, lequel arc ſi vous leuez de 30
degrez, il vous reſtera l'arc de l'heure temporelle de la nuict ; leſquels arcs ſi vous reduiſez en temps, vous aurez la quantité deſdites
heures inegales.

Exemple : Le vingt-quatrieſme May, deſirant ſçauoir l'arc de
l'equateur d'vne heure inegale de iour, & auſſi de celle de la nuict ;
ie cherche, par la precedente propoſition, l'arc diurne, & ie trouue
iceluy eſtre 230 degrez, que ie diuiſe par 12, & viennent au quotient
19 degrez, & reſtent 2 degrez, leſquels ie multiplie par 60 minuttes,
& viennent 120 min. qui diuiſées par 12, viennent 10 minuttes, que
i'adiouſte aux degrez entiers : & partant i'ay pour l'arc de l'heure
inegale de iour 19 degrez 10 minuttes, lequel arc ie ſouſtrais de 30
degrez, & reſtẽt 10 degrez 50 minuttes pour l'arc de l'heure inegale de nuict dudit iour vingt-quatrieſme May : & iceux arcs reduits

F

en temps, ſont 1 heure 16 minuttes pour la quantité de l'arc de l'heure inegale de iour, & preſque 44 minuttes pour la quantité de l'heure inegale de nuiƈt.

Autrement.

Pour auoir l'arc de l'heure inegale du iour, mettez le nadir du Soleil ſur la ligne de telle heure inegale que voudrez, & regardez ſur le limbe quel degré l'index monſtrera: puis mettez ledit nadir ſur la ligne enſuiuante d'entre les heures inegales; & poſez derechef l'index ſur ledit nadir, & comptez combien il y a de degrez du premier poinƈt iuſques audit index, & vous aurez l'arc de l'equinoƈtial d'vne heure inegale diurne, lequel arc ſouſtrayant de 30 degrez, vous aurez l'arc d'vne heure temporelle noƈturne.

Exemple: Deſirant ſçauoir l'arc de l'equinoƈtial d'vne heure inegale diurne du vingt-quatrieſme May, lequel iour donne pour le lieu du Soleil peu plus de 3 degrez Gemini, dont le nadir eſt 3 degrez ♐: mettant donc leſdits 3 degrez ♐ ſur la ligne de 6 heures inegales, l'index touche ſur le limbe le 90 degré; & puis apres ledit nadir du Soleil eſtant poſé ſur la ligne de 5 heures inegales, l'index touche au limbe peu moins de 71 degré: tellement qu'il y a entre leſdites deux lignes peu plus de 19 degrez, qui eſt l'arc d'vne heure inegale de iour ainſi que deuant; & viendra, faiſant comme deſſus, la quantité, tant de l'heure inegale du iour, que de la nuiƈt; c'eſt à ſçauoir 1 heure 16 minuttes pour l'heure diurne, & preſque 44 minuttes pour l'heure noƈturne.

PROP. XXIII.

Pour ſçauoir quel planette domine à chaſque heure du iour & de la nuiƈt.

LEs Anciens ont nommé les iours de la ſepmaine par le nom du planete qu'ils eſtimoient auoir domination à la premiere heure de chacun iour, laquelle heure commence à Soleil leuant: comme le iour du Samedy par le nom de ♄; le Dimanche du nom du ☀; la ſeconde ferie, du nom de la ☽, la tierce de ♂, la quarte de ☿, la quinte de ♃, la ſixieſme de ♀; & diuiſoient, comme il a eſté dit cy deuant, tant le iour que la nuiƈt en 12 parties egales, leſquelles ils appelloient les heures des planetes, desdiant chacune heure à vn desdits planetes, estimant qu'ils dominent l'vn apres l'autre selon leur ordre, chacun à son heure, lequel ordre ensuit, ♄, ♃, ♂ ✹, ♀, ☿, & la ●.

Si donc quelqu'vn, suiuant ces resueries des anciens, veut sçauoir quel planete regne à quelque heure proposée: premierement il doit aduiser de quel planete est denommé le iour present: puis qu'il sçache par les choses deuant dittes l'heure inegale, & qu'il cherche au costé senestre de la table qui ensuit le iour de la sepmaine proposé: mais l'heure inegale en la partie inferieure d'icelle table, c'est à sçauoir en la ligne des heures diurnes, si l'heure inegale est telle: mais en la ligne des heures nocturnes, si ladite heure est telle, & en l'angle commun au iour & heure, sera trouuée la figure & caractere du planete qui est dominateur & seigneur de l'heure proposée.

Exemple: Voulant sçauoir le Mercredy vingt-cinquiesme May, à 10 heures egales du matin, quelle planette domine lors: Ie cherche, par les choses cy-deuant dittes, l'heure inegale, que ie trouue estre la cinquiesme courante; c'est pourquoy i'entre en la table suiuante, & en l'angle commun au Mercredy, & à la cinquiesme heure du iour, ie trouue ♂: & partant ie dis qu'iceluy domine à ladite heure proposée. Mais si les 10 heures proposées estoient du soir, viendroient pour les heures inegales peu moins de 3 heures, lesquelles ont pour dominateur ☿.

Table du gouuernement des planettes à chasques heures inegales, tant diurnes que nocturnes.

Dimanche.	✹	♀	☿	●	♄	♃	♂	✹	♀	☿	●	♄	♃	♂
Lundy.	[illegible]	♄	♃	♂	✹	♀	☿	●	♄	♃	♂	✹	♀	☿
Mardy.	♂	✹	♀	☿	●	♄	♃	♂	✹	♀	☿	●	♄	♃
Mercredy.	☿	●	♄	♃	♂	✹	♀	☿	●	♄	♃	♂	✹	♁
Ieudy.	♃	♂	✹	♀	☿	●	♄	♃	♂	✹	♀	☿	●	♄
Vendredy.	♀	☿	●	♄	♃	♂	✹	♀	☿	●	♄	♃	♂	✹
Samedy.	♄	♃	♂	✹	♀	☿	●	♄	♃	♂	✹	♀	☿	●
Heures de la nuict.	3	4	5	6	7	8	9	10	11	12	0	0	1	2
Heures du iour.	1	2	3	4	5	6	7	8	9	10	11	12	0	0

PROP. XXIIII.

Pour fçauoir combien d'heures font paffees depuis le leuer ou cou-
cher du Soleil iufques à l'heure propofée.

SÇACHEZ, par la vingtiefme propofition, l'heure du leuer &
coucher du Soleil ; & comptant les degrez depuis le leuer ou
coucher iufques à l'heure propofée, vous fçaurez par ce moyen
combien d'heures font paffées depuis ledit leuer ou coucher du
Soleil, iufques à voftredite heure propofée.

Exemple : Le vingt-quatriefme May à dix heures du matin, fçauoir combien d'heures font paffees depuis le leuer du Soleil. Ie
trouue, par la vingtiefme propofition, que le Soleil fe leue ledit
iour à enuiron 4 heures vn quart ; & de ce lieu là du leuer du Soleil
iufques à 10 heures du matin, ie trouue enuiron 85 degrez, qui valent 5 heures 40 minuttes ; & partant autant d'heures font paffees
depuis le leuer du Soleil iufques à ladite heure propofée.

Mais à 11 heures du foir, fçauoir combien d'heures font paffées
depuis le coucher du Soleil. Ie trouue par ladite vingtiefme propofition, que le Soleil fe couche à 7 heures 45 minuttes : & de ce
lieu là du coucher iufques à 11 heures du foir, ie trouue enuiron 50
degrez, qui valent 3 heures 20 minuttes : & partant autant d'heures
font paffées depuis le coucher du Soleil, iufques à ladite heure propofée.

PROP. XXV.

Pour fçauoir le commencement, la fin, & la durée du crepufcule,
tant du matin que du foir.

PAR le commencement du crepufcule matutin, nous entêdons
l'aube du iour, qui eft le premier moment que l'air commence
à refplandir & efclairer pour l'aduenement des rays du Soleil en
Orient, & par la fin dudit crepufcule matutin, le Soleil leuant fe
doit entendre ; & le temps qui eft compris entre le commencement
dudit crepufcule & le Soleil leuant, eft la durée dudit crepufcule

matutin : Mais par le commencement du crepufcule vefpertin, eft entendu le Soleil couchant, & par la fin d'iceluy le commencement de la nuict obfcure ou iour failly ; & tout le temps d'entre le Soleil couchant & iour failly, eft la durée dudit crepufcule vefpertin.

Pour ce faire donc, mettez le degré du Soleil auec l'index fur la ligne crepufculine du cofté d'Orient, & ce faict, ledit index monftrera au limbe le commencement du crepufcule matutinal, & le Soleil leuant fera la fin d'iceluy : mais fi vous mettez ledit degré du Soleil fur ladite crepufculine du cofté d'Occident, & l'index par deffus, vous fera monftré au limbe la fin du crepufculine vefpertin, dont le commencement eft le Soleil couchant.

Exemple : Pour fçauoir au vingt-quatriefme May le commencement du crepufcule matutin, la fin & durée d'iceluy : ie mets le 3 degré Gemini, qui eft le lieu du Soleil fur la ligne crepufculine du cofté d'Orient, & l'index eftant pofé deffus ledit degré, il me monftre au limbe enuiron vne heure trois quarts pour le commencement dudit crepufcule : & par la vingtiefme propofition, i'ay trouué le Soleil leuant à 4 heures vn quart, qui eft la fin d'iceluy crepufcule : & partant fe trouuent deux heures & demie pour la durée dudit crepufcule ; & tranfportant ledit degré du Soleil du cofté d'Occident, ie trouue pour la fin du crepufcule vefpertin 10 heures vn quart : & pour ce que par ladite vingtiefme propofition le Soleil couchant a efté trouué à 7 heures 3 quarts, qui eft le commencement dudit crepufcule, la durée d'iceluy crepufcule vefpertin eft pareillement 2 heures & demie.

Autrement.

Il y a plufieurs Aftrolabes aufquels la ligne crefpuculine n'eft defcripte, d'autant que fans icelle on ne laiffe de fçauoir le crepufcule, mefmes plus certainement qu'auec icelle, en la maniere fuiuante.

Mettez le nadir du Soleil fur le dixhuictiefme Almicantarath Occidental, & pofant l'index fur le degré du Soleil, iceluy vous monftrera au limbe le commencement du crepufcule matutin ; & quant à la fin & durée, vous ferez comme en la precedente maniere. Mais tranfportant ledit nadir du Soleil au dixhuictiefme Almi-

cantarath Oriental, & l'index fur le degré du Soleil, vous fera monftré au limbe la fin du crepufcule vefpertin.

Exemple: Soit derechef propofé à trouuer le crepufcule, tant
matutin que vefpertin, au vingt-quatriefme May: Ie pofe le 3 degré de ♓, qui eft le nadir du Soleil au dixhuictiefme Almicantarath Occidental, & pofé l'index fur le 3 degré Gemini, & iceluy me
monftre au limbe vne heure trois quarts pour le commencement
du crepufcule matutin; mais pofant ledit nadir du Soleil au dixhuictiefme Almicantarath Oriental, & l'index au degré du Soleil,
il me monftre au limbe 10 heures vn quart pour la fin dudit crepufcule vefpertin.

PROP. XXVI.

Pour fçauoir le temps du leuer ou coucher des eftoiles fixes.

PAr le leuer d'vne eftoile nous entendons l'afcention d'icelle
fur noftre hemifphere, laquelle luy aduient vne fois en 24 heures, foit de iour ou de nuict, mais fon coucher eft fa defcente fouz
noftre hemifphere. Il eft auffi à notter que ceux qui habitent les
regions Septentrionales, ont aucunes eftoiles qui iamais ne leur leuent ny couchent, mais les peuuent toufiours voir, s'ils n'en eftoiët
empefchez par la lumiere du Soleil, comme font toutes les eftoiles
de la petite Ourfe, & les principales de la grande Ourfe à ceux qui
habitent au huictiefme climat, & femblablemět celles du Dragon,
& de Cephée, & de Caffiopée, & à quelques-vns celles du figne, de
Perfée, & du Chartier.

Quand donc vous voudrez fçauoir le leuer ou coucher de quelques-vnes des eftoiles qui fe couchent & leuent, comme font celles
du zodiaque, & plufieurs autres pofées en l'yraigne, mettez la poincte d'icelle fur l'horifon oblique du cofté d'Orient: puis pofez l'index fur le degré du Soleil, & iceluy index vous monftrera au limbe
le temps du leuer d'icelle eftoile; mais fi vous mettez ladite eftoile
du cofté d'Occident, l'index eftant fur le degré du Soleil, monftrera
le coucher d'icelle eftoile.

Exemple: ie defire fçauoir le leuer de l'eftoile nommée Oculus
Tauri au vingt-quatriefme May. Ie pofe donc la poincte d'icelle

eftoile fur l'horifon oblique du cofté d'Orient: puis ie mets l'index fur le troifiefme degré Gemini, qui eft le lieu du Soleil, & iceluy index me monftre au limbe enuiron 4 heures 3 quarts du matin, pour le temps du leuer de ladite eftoile.

PROP. XXVII.

Pour fçauoir l'arc du iour & de la nuict des eftoiles fixes, marquées fur l'araigne de l'Aftrolabe.

L'ARC diurne des eftoiles eft l'efpace de temps durant lequel elles paffent d'Orient par Midy en Occident, en quelque heure que ce foit, ou de iour ou de nuict, & l'arc nocturne eft l'efpace de temps qu'elles demeurent fouz l'horifon: & fe mefurent lefdites efpaces par les degrez de l'equateur defcrit au bord de l'Aftrolabe; & s'entend cecy des eftoiles qui leuent & couchent.

Quand donc vous voudrez fçauoir l'arc diurne & nocturne d'vne eftoile, mettez la poincte d'icelle fur l'horifon du cofté d'Oriët, & l'index paffant par deffus icelle, vous monftrera au limbe l'arc feminocturne, & auffi le femidiurne, c'eft affauoir l'efpace depuis le bout d'iceluy index iufques à la ligne de Midy fera le femidiurne, qui eftant doublé donnera l'arc diurne, & l'efpace dudit index à la ligne de minuict fera l'arc feminocturne, lequel eftant doublé fera l'arc nocturne.

Exemple: Ie defire fçauoir l'arc diurne & nocturne de l'eftoile nommée œil du Taureau: c'eft pourquoy ie pofe icelle fur l'horifon du cofté d'Orient, & l'index eftant pofé deffus, touche le limbe fur enuiron 4 heures 3 quarts, qui eft l'arc feminocturne, lequel ie double, & viët 9 heures & demie pour l'arc nocturne d'icelle eftoile; & depuis lefdites 4 heures 3 quarts iufques à la ligne Meridionale, font contenuës 7 heures vn quart, qui eft l'arc femidiurne, lequel ie double, & viennent 14 heures & demie pour l'arc diurne de ladite eftoile.

PROP. XXVIII.

Pour sçauoir auec quel degré du zodiaque chaque estoile descrite
en l'yraigne se leue ou couche, & passe par le Midy.

METTEZ la poincte de l'estoile sur l'horison oblique en la
partie Orientale, & le degré du zodiaque qui sera trouué sur
iceluy horison, est le degré auec lequel se leue ladicte estoile : &
pour sçauoir auec quel degré elle se couche, il la faut transporter
en la partie Occidentale : Mais pour auoir le degré auec lequel elle
vient à midy, il la conuient poser sur la ligne de midy ; & le degré
qui tombera sur ladite ligne, est celuy-là auec lequel elle passe au
milieu du ciel.

Pour exemple : Desirant sçauoir auec quel degré du zodiaque
l'œil du Taureau leue, couché & passe au milieu du ciel ; ie mets la
poincte d'icelle estoile sur l'horison en la partie Orientale, & ie
trouue qu'elle se leue presque auec le vnziesme degré Gemini ; &
l'ayant transportee en la partie Occidentale, ie trouue qu'elle se
couche auec enuiron le vingt-neufiesme degré Taurus : puis trans-
ferant icelle sur la ligne de Midy, ie trouue qu'elle passe par le milieu du ciel, auec le quarantiesme degré Gemini.

PROP. XXIX.

Pour sçauoir le zenith Oriental ou Occidental du Soleil,
ou des estoiles.

PAR le zenith nous entendons icy l'arc de l'horison, compris
entre le vray Orient ou Occident, & le poinct auec lequel le
Soleil se leue, ou vne des estoiles : & est iceluy appellé vulgairement, selon les Astronomes, amplitude Orientale ou Occidentale.

Quand vous voudrez donc sçauoir le zenith du leuement, ou de
l'absconsement du Soleil, ou de quelque estoile fixe, mettez le degré du Soleil, ou la poincte de l'estoile, sur l'horison Oriental, & les
cercles verticaux vous demonstreront le zenith du leuer du Soleil,
ou de

ou de l'eftoile, c'eft à dire la diftance du leuement du Soleil ou eftoile iufques au commencement de Aries ou de Libra, lequel zenith fera appellé Meridional, s'il eft trouué en la quarte Meridionale : mais Septentrional, s'il eft trouué en la quarte Septentrionale, & fur femblable nombre de degrez des Azimuths ou cercles verticaux, fera le zenith du coucher du Soleil ou de l'eftoile, & auffi denommé de fa quarte Septentrionale ou Meridionale.

Exemple : Defirant fçauoir de combien eft le zenith ou amplitude Orientale du Soleil au vinquatriefme May. Ie mets le lieu du Soleil, c'eft affauoir trois degrez Gemini, fur l'horifon oblique, en la partie Orientale, & iceluy tombe enuiron fur 34 degrez. Car il approche pres du feptiefme Azimuth, chacun defquels vaut 5 degrez, c'eft pourquoy ie dis que l'amplitude Orientale du Soleil audit iour vingt-quatriefme May, eft Septentrionale d'enuiron 34 degrez, & l'amplitude Occidentale pareillement Septentrionale de 34 degrez.

PROR. XXX.

Pour fçauoir le zenith de la hauteur du Soleil, ou des eftoiles fixes, efleuées fur l'horifon.

PAR le zenith de hauteur, nous entendons la diftance du Soleil ou eftoile efleuées fur l'horifon, iufques au commencement de l'vne des quartes : & pour auoir iceluy zenith, prenez l'altitude du Soleil ou de l'eftoile dont vous voulez fçauoir le zenith de hauteur : puis mettez le lieu du Soleil fur l'Almicantarath d'icelle altitude ; & l'Azimuth fur lequel tombera le degré du Soleil monftrera le zenith demandé, qui fera Meridional Oriental, ou Meridional Occidental, ou Septentrional Oriental, ou Septentrional Occidental, felon la quarte où il tombera.

Exemple : Le vingt-quatriefme May defirant fçauoir le zenith de la hauteur du Soleil à 10 heures du matin : Ie prend la hauteur d'iceluy, que ie trouue eftre d'enuiron 53 degrez : puis ie mets fur l'Almicantarath de telle hauteur le troifiefme degré Gemini, qui eft le lieu du Soleil, & tombe iceluy fur le feptiefme Azimuth de la quarte Meridionale Orientale, qui eft 35 degrez de diftance du vray

G

Oriët pour le zenith propofé à trouuer, & ainfi faut faire des eftoiles en prenant leurs hauteurs, & les difpofant comme le degré du
Soleil : & partant prenant à 10 heures du foir dudit iour vingt-quatriefme May la hauteur de Spica ♍, ie la trouue de 33 degrez
Occidentale : mettant donc la poinête de ladite eftoile fur le tren-
te-troifiefme Almicantarath, elle tombe entre le quatorziefme &
le quinziefme Azimuth : & partant fon zenith eft Meridional Occidental, diftant du vray Occident d'enuiron 72 degrez & demy.

PROP. XXXI.

Pour fçauoir les quatre parties du monde.

IL y a plufieurs manieres pour obferuer lefdites parties du monde, comme par le moyen d'vn quadran commun, ou bien par
l'inuentiou de la ligne Meridienne defcrite en la quinziefme propofition, ou bien par la maniere fuiuante, qui appartient propremët
à l'Aftrolabe.

Prenez la hauteur du Soleil, puis mettez le lieu d'iceluy en telle
hauteur entre les Almicantaraths, en confiderant fur quelle quarte
il cherra entre les Azimuths, & en quelle diftance du commencement des quartes, affauoir fur le quantiefme defdits Azimuths : puis
couchez l'Aftrolabe fur la face, & mettez la regle en femblable
quarte & hauteur qu'il a efté trouué entre les Azimuths : puis tournez l'Aftrolabe, en telle forte que l'ombre des deux pinulles de l'a-
lidade tombe droiêtement fur les deux coftez d'icelle, c'eft affauoir
que l'ombre du cofté dextre de la pinulle foit fur le cofté dextre de
l'alidade, & l'ombre du cofté feneftre tombe auffi fur lë cofté feneftre, ou en pareille diftance ; & lors vous aurez les quatre parties du
monde par les 4 extremitez des deux lignes diametrales qui font au
dos, affauoir Midy par la ligne tendant du centre vers l'anneau, &
Septentrion à l'oppofite, Orient à feneftre, & Occident à dextre,
pourueu que voftre face, & l'armille de voftre Aftrolabe, foient
tournez vers Midy.

Exemple : Le vingt-quatriefme May defirant fçauoir les quatre
parties du monde, ie prend la hauteur du Soleil, que ie trouue eftre
53 degrez Orientale, laquelle altitude ie mets entre les Almicanta-

raths; & poſant 3 degrez Gemini, qui eſt le lieu du Soleil ſur ledit Almicantarath, il tombe au 35 degré des Azimuths en la quarte Orientale Meridionale: Ce faict, ie couche l'Aſtrolabe le dos en haut, en ſorte qu'elle ſoit parallele à l'horiſon, & que la ligne tirant du centre à l'armille ſoit vers la partie Auſtrale: puis ie diſpoſe l'alidade en ſemblable quarte & degrez que i'ay trouué le Soleil entre les Azimuths, aſſauoir ſur le 35 degré de la quarte Orientale Meridionale; puis ie tourne l'Aſtrolabe, iuſques à ce que l'ombre des pinulles reſponde & ſoit equidiſtante aux lignes de l'alidade, & lors la ligne du centre tendant à l'armille, me monſtre la partie Auſtrale, & ſon oppoſite la Septentrionale, & l'extremité de la ligne tranſuerſale, qui eſt du coſté ſeneſtre, le vray Orient, & l'autre extremité l'Occident.

PROP. XXXII.

Pour cognoiſtre de nuict au ciel les eſtoiles deſcrites en l'Aſtrolabe.

IL faut, par la vingt-ſixieſme propoſition, ſçauoir l'heure du leuer de l'eſtoile que deſirez cognoiſtre, & par la vingt-neufieſme propoſition l'amplitude Orientale de ladite eſtoile: puis par la precedente diſpoſez voſtre Aſtrolabe ſelon les quatre parties du monde, & mettez l'alidade ſur les degrez de l'amplitude Orientale, & en meſme quarte qu'auez trouué ladite eſtoile: & quand le temps du leuer de l'eſtoile ſera prochain, regardez par les pinulles, & la premiere eſtoile que verrez par icelles, ſera celle que vous deſirez cognoiſtre, laquelle vous deuez remarquer par la figure des autres eſtoiles qui luy ſont prochaines, ou autre ſigne, afin que vous la recognoiſſiez puis apres ſans inſtrument. Vous pourrez ſemblablement auoir cognoiſſance de l'eſtoile par ſon coucher. Mais eſt à notter que cecy s'entend des eſtoiles qui leuent & couchent pendant que le Soleil eſt ſouz l'horiſon.

Exemple: Le vingt-cinquieſme May deſirant auoir la cognoiſſance de l'eſtoile nommée Aquila. Ie regarde, par la vingt-ſixieſme propoſition, l'heure qu'elle ſe doit leuer, & en quelle partie du monde; & ie trouue qu'elle ſe doit leuer enuiron demy quart d'heure auant 9 heures, & ſon amplitude Orientale eſtre enuiron 12 degrez en la quarte Septentrionale Orientale: puis ie me tranſporte ſur quelque lieu eſleué, où l'horiſon apparoiſſe librement, & là ie diſpoſe mon Aſtrolabe ſelon les quatre parties du monde, & mets l'alidade ſur 12 degrez de la quarte Septentrionale Orientale, & enuiron demy quart d'heure deuant 9 heures, ie regarde par les pinulles, & voy vne eſtoile ſe leuer ſur l'horiſon, que ie dis eſtre celle dont ie deſire auoir la cognoiſſance.

Autrement.

IL faut au ſoir, quand le Soleil eſt couché, mettre la regle ou index deſſus quelque heure du limbe: puis tourner le zodiaque iuſques à ce que le degré du Soleil vienne tomber audit index, & alors regardez en l'yraigne l'eſtoile que vous voulez cognoiſtre au ciel, & remarquez entre les Almicantaraths combien elle a de degrez de hauteur, & auſſi en quelle partie Orientale ou Occidentale: en apres mettez l'alidade ſur autāt de degrez comme l'eſtoile a eſté trouuée auoir d'altitude és Almicantaraths, & en la meſme partie: & à ladite heure, pendez voſtre Aſtrolabe par ſon anſe, & regardez au ciel de celle part que l'eſtoile a eſté trouuée, c'eſt aſſauoir vers Orient ou Occident, & la plus claire & apparente eſtoile que vous verrez par les pinulles ſera celle que vous deſirez cognoiſtre.

Exemple: Le vingt-cinquieſme May voulant cognoiſtre l'eſtoile nommée Spica Virginis: à dix heures du ſoir ie mets l'index, & le degré du Soleil (qui eſt enuiron 4 degrez Gemini) ſur ladite heure, & l'yraigne eſtant ainſi diſpoſée, ie trouue entre les Almicantaraths ladite eſtoile eſleuée de 33 degrez en la partie d'Occident: parquoy ie diſpoſe l'alidade en telle hauteur, & me tourne en la partie Occidentale, iuſques à ce que ie voy par les pinulles vne eſtoile bien claire & apparente, que ie dis eſtre ladite eſtoile Spica Virginis.

Outre plus, pourrez cognoiſtre facilement les eſtoiles qui ſont au zodiaque, ou celles qui n'ont pas grande latitude, en cognoiſſant à quelle nuict, & à quelle heure d'icelle, ladite eſtoile ſera pres de la Lune: ce que vous cognoiſtrez par les ephemerides ou autres tables, c'eſt aſſauoir quand la Lune viendra au ſigne & degré où eft ladite eftoile que defirez cognoiftre la nuiƈt.

Exemple: Le vingt-deuxiefme May ie regarde és Ephemerides d'Orriganus, & ie trouue que la Lune paruiendra vn peu deuant minuiƈt aupres de Spica ♍, qui eft enuiron à 18 degrez Libra: & partant regardant la Lune à ladite heure, ie voy aupres d'elle vne belle eftoile, que ie dis eftre Spica Virginis.

PROP. XXXIII.

Pour trouuer par le moyen d'vne eftoile cogneuë les autres defcrites en l'Aftrolabe.

PRENEZ l'altitude de l'eftoile cognuë, & la poinƈte de ladite eftoile foit mife entre les Almicantaraths à telle hauteur, foit en Orient ou Occident: puis regardez en l'yraigne à l'eftoile qui vous eft incogneuë au ciel, confiderant combien elle eft efleuée entre les Almicantaraths, & quelle partie du monde elle tient: & fur telle altitude mettez l'alidade, & vous tournant vers la partie du monde fur laquelle vous aurez trouué tomber l'eftoile non co-gneuë, la plus claire & apparente eftoile que vous verrez par les pinulles, fera celle que vous defirez cognoiftre.

Exemple: Voulant cognoiftre l'eftoile nommée Cor Leonis, ie prend la hauteur de Spica Virginis à moy defia cogneuë, laquelle ie trouue de 33 degrez vers Occident: puis ie difpofe icelle en fa hau-teur entre les Almicantaraths en la partie Occidentale; & confide-rant Cor ♌ en l'yraigne, ie la trouue en la mefme partie, ayant en-uiron 28 degrez d'altitude: puis apres ie mets l'alidade fur 28 de-grez d'altitude, & tenant l'Aftrolabe, ie me tourne vers Occident, & regardant par les pinulles, i'apperçoy vne eftoile bien claire & apparente, que ie dis eftre ladite eftoile Cor Leonis.

PROP. XXXIV.

Pour cognoiftre pour quelle efleuation de pole chacune table de l'Aftrolabe eft defcrite.

SI vous voulez fçauoir à quelle latitude ou efleuation de pole vne chacune table de l'Aftrolabe eft defcrite, regardez en la

ligne de Midy combien d'Almicantaraths sont depuis le cercle
equinoctial iusques au zenith, ou bien du centre de l'Astrolabe iufques au premier Almicantarath, c'est à dire iusques à l'horison vers
Septentrion, & par le nombre desdits Almicantaraths, vous sçaurez
facilement l'altitude du lieu pour lequel la table est descrite : Car
le nombre des degrez d'iceux Almicantaraths vous monstrera
ladite latitude, laquelle est aussi ordinairement cottée au dessous de
l'horison, c'est pourquoy nous n'en dirons autre chose.

PROP. XXXV.

Pour sçauoir à quelque iour que ce soit, de combien le Soleil est
loin de nostre zenith.

POVR ce faire sont deux manieres dont l'vne est particuliere,
& se refere seulement aux lieux pour lesquels on a tables en
l'Astrolabe, & l'autre est vniuerselle. Si donc vous voulez sçauoir
la distance du Soleil au zenith par la premiere maniere, mettez son
degré sur la ligne de Midy, à la table faicte pour vostre esleuation,
& comptez entre les Almicantaraths, depuis vostre zenith iusques
audit degré, & par ainsi vous aurez la distance cherchée.

Exemple : Desirant sçauoir la distance du Soleil au zenith de Paris au vingt-cinquiesme May : ie mets le lieu du Soleil (qui est enuiron 4 degrez Gemini) sur la ligne de Midy, à la table faicte pour
l'esleuation de ladite ville : puis ie compte les Almicantaraths depuis ledit degré iusques au zenith, & en trouue 14, qui font 28 degrez pour la distance du Soleil au zenith pour cedit iour.

Mais par la seconde maniere, qui est generale, elle se peut faire à
Midy, ou autre heure du iour : Car en prenant la hauteur du Soleil,
puis la soustrayant de 90 degrez, restera la distance du Soleil à nostre zenith.

Exemple : Le vingt-cinquiesme May estant à Paris, ie trouue la
hauteur du Soleil à midy estre enuiron 62 degrez, que ie soustrais
de 90 degrez, & me demeure 28 degrez pour la distance du Soleil au
zenith de Paris au midy dudit iour 25e. May. Ainsi pourrez-vous
faire des estoiles fixes en prenant leurs hauteurs, & les soustraire de
90 degrez.

PROP. XXXVI.

Pour ſçauoir chacun iour la declinaiſon du Soleil, ou des eſtoiles fixes.

LA declinaiſon du Soleil ou d'vne eſtoile eſt la diſtance d'icelle eſtoile ou Soleil à l'equinoctial: & y en a de deux ſortes, ſçauoir Meridionale & Septentrionale. La declinaiſon Septentrionale eſt depuis l'equateur en tirant vers le pole Artique, qui fait le centre de l'Aſtrolabe. Mais la Meridionale eſt depuis l'equinoctial tirant vers le pole Antartique, ou vers le cercle de Capricornus en l'Aſtrolabe. Et d'autant que l'equinoctial couppe la ligne Eclyptique au commencement de Aries & de Libra, le Soleil eſtant en ces deux poincts n'a aucune declinaiſon, mais en toutes les autres parties du zodiaque il l'a plus grande ou plus petite, ſelon qu'il eſt plus ou moins diſtant d'iceux poincts de Aries & de Libra: & la plus grande declinaiſon du Soleil eſt au commencement de Cancer & de Capricornus, laquelle eſt de 23 degrez 30 minuttes, ſelon la plus commune opinion des Aſtronomes: & les deux degrez egalement diſtant de l'vn des deux ſolſtices, c'eſt à dire du commencement de Cancer ou de Capricornus, ont egales declinaiſons, ou Septentrionales, ou Meridionales, & les iours artificiels egaux, & les nuicts egales; & ſemblablement les ombres & les altitudes de midy, quand le Soleil eſt en iceux degrez.

Or pour la practique de ceſte propoſition, mettez le degré du Soleil ou la poincte de l'eſtoile ſur la ligne de midy, & voyez par combien de degrez il eſt eſleué ſur l'horiſon entre les Almicantaraths, & gardez ce nombre à part. Apres mettez le premier degré de Aries ou de Libra ſur la meſme ligne de midy, & voyez combien il eſt eſleué ſur l'horiſon entre les Almicantaraths, & gardez le nombre; puis oſtez le moindre nombre du plus grand, & ce qui demeurera ſera la declinaiſon de l'eſtoile ou du Soleil, laquelle ſera Septentrionale, ſi l'altitude du Soleil ou de l'eſtoile eſt plus grande que l'altitude de Aries ou de Libra: mais elle ſera Meridionale, ſi elle eſt moindre.

Exemple: Le vingt-cinquieſme May le Soleil eſtant au 4 degré.

Gemini, ie defire fçauoir combien il decline de l'equateur. Ie mets donc ledit degré du Soleil fur la ligne de midy, & trouue l'altitude d'iceluy entre les Almicantaraths de 62 degrez, que ie garde à part: puis ie mets ruffi le premier degré de Aries fur ladite ligne de midy, & trouue pour l'altitude d'iceluy 41 degrez, que ie fouftrais de l'altitude du Soleil, & refte 21 degrez pour la declinaifon d'iceluy au midy dudit vingt-cinquiefme May; laquelle eft Septentrionale, à caufe que l'altitude du Soleil a efté trouuée plus grande que celle de Aries.

Autrement.

Mettez le degré du Soleil ou la poincte de l'eftoile fur la ligne Meridionale, & voyez combien il y a d'Almicantaraths entre le cercle equinoctial & le degré du Soleil, ou poincte de l'eftoile, & vous aurez la declinaifon que vous cherchez, laquelle vous pourrez cognoiftre fi elle eft Septentrionale ou Meridionale, ainfi qu'il a efté dit cy deuant : & eft à notter que à Paris l'altitude de Aries & de Libra eft prefque toufiours à midy de 41 degrez; & partant il n'eft befoin de chercher à chaque fois icelle latitude.

Exemple: Ie defire fçauoir la declinaifon de Cor Ω : ie mets donc la poincte de ladite eftoile fur la ligne Meridionale, & ie trouue qu'elle touche prefque le feptiefme Almicantarath depuis l'equateur; & partant fa declinaifon eft peu moins de 14 degrez, & eft Septentrionale.

Nottez que fi on veut fçauoir precifément lefdites declinaifons, il faut s'ayder de tables calculées pour cet effect.

PROP. XXXVII.

Pour fçauoir la latitude de tous lieux où l'on fe trouuera.

LA latitude d'vn lieu eft la diftance de l'equinoctial iufques au zenith dudit lieu, qui fe mefure aux degrez du cercle Meridional, & fe trouue ladite latitude en diuerfes manieres, dont la plus facile eft par la hauteur Meridienne du Soleil, quand il eft au commencemēt de Aries ou de Libra : car en fouftrayant icelle hauteur

de

de 90, demeure la diftance de noftre zenith à l'equinoctial, qui eft
la latitude du lieu où nous fommes.

Exemple : Eftant à Paris le vingt-deuxiefme Mars, & le Soleil au
commencement du premier degré de Aries; pour obferuer la hauteur du pole au deffus de l'horifon d'icelle ville, ie prend la hauteur
Meridienne du Soleil, que ie trouue eftre d'enuiron 41 degrez, que
ie fouftrais de 90 degrez, & reftent 49 degrez pour la latitude ou
l'efleuation du pole par deffus l'horifon en ladite ville de Paris : car
ladite latitude & l'efleuation du pole par deffus l'horifon font toufiours egales entr'elles. Mais le Soleil eftant aux autres fignes, apres
auoir pris la hauteur Meridienne d'iceluy, il faut fçauoir fa declinaifon, & fi elle eft Septentrionale, la conuient fouftraire de la hauteur
du Soleil; mais fi elle eft Meridionale l'adjoufter, & de ce viendra la
hauteur de l'equateur, qui fouftraicte de 90 degrez, reftera l'altitude du lieu où nous faifons telles obferuations.

Exemple : Lan 1610, le vingt-cinquiefme May trouuant le Soleil au quatriefme degré Gemini, & defirant fçauoir la latitude ou
l'efleuation du pole de Paris où ie fuis, ie prend la hauteur Meridienne du Soleil, que ie trouue d'enuiron 62 degrez, & fa declinaifon d'enuiron 21 degrez Septentrionale, laquelle declinaifon ie fouftrais de l'altitude Meridienne, & reftent 41 degrez, qui oftez de 90
degrez, reftent 49 degrez pour ladite latitude ou efleuation du pole de la ville de Paris.

PROP. XXXVIII.

Pour fçauoir l'afcention des fignes en la Sphere droicte.

L'ASCENTION d'vn figne n'eft autre chofe que l'arc de l'e-
quinoctial, qui monte fur l'horifon auec le figne, lequel arc
eftant plus de 30 degrez le figne eft dict monter droictement, mais
eftant moins de 30 degrez il monte obliquement, & font 8 fignes en
la Sphere droicte, qui montent & defcendent obliquement, fçauoir eft ♈, ♍, ♎ & ♓, chacun defquels monte auec 27 degrez 54
minuttes, & ♉, ♌, ♏, & ♒, qui montent chacun auec 29 degrez 54
minuttes, & les 4 autres, fçauoir eft ♊, ♋, ♐, & ♑, montent & defcendent droictement, faifans chacun en leurdite afcention 32 de-

H

grez 12 minuttes de l'equateur. Dauantage est à notter que communément les ascentions commēcent au premier poinct de Aries,
sinon quand l'on veut trouuer l'ascention particuliere de quelque
signe, ou arc de l'eclyptique.

Quand donc vous voudrez sçauoir l'ascention de quelque signe
ou degré d'iceluy, mettez la fin dudit signe ou degré sur l'horison
droict, & l'index estant posé sur le commencemēt de Aries, monstrera au limbe l'ascention droicte requise, c'est assauoir comptant
les degrez depuis l'horison droict iusques audit index.

Exemple: Desirant sçauoir l'ascention droicte du troisiesme degré Gemini; ie pose ledit degré sur l'horison droict en Orient:puis
ie mets l'index sur le commencement de Aries, & iceluy touche au
limbe presque la fin du 61 degré; & partant telle est l'ascention
droicte dudit 3 degré Gemini.

Mais si l'on vouloit sçauoir l'ascention particuliere de quelque
signe, ou autre arc de l'Eclyptique, il faudroit seulement, ayant mis
la fin dudit signe ou autre arc sur l'horison droict, mettre l'index sur
le commencement, & il vous monstrera au limbe le nombre des
degrez de l'ascention droicte particuliere audit signe, ou autre
arc de l'Eclyptique.

Exemple : Desirant sçauoir l'ascention droicte depuis le 3 degré
Gemini, iusques à la fin dudit signe ; ie mets la fin d'iceluy signe sur
l'horison droict, & l'index sur le troisiesme degré dudit Gemini, &
iceluy me monstre au limbe 29 degrez & peu dauantage, pour l'ascention droicte requise.

PROP. XXXIX.

Pour trouuer l'ascention droicte des estoiles descrites
en l'yraigne.

METTEZ la poincte de l'estoile sur l'horison droict, & l'index estant mis au commencement de Aries, monstrera au
limbe l'ascention de l'estoile proposée.

Exemple : Desirant sçauoir l'ascention droicte de l'estoile Cor
Leonis, ie mets la poincte d'icelle sur l'horison droict du costé d'O-
rient, & l'index sur le commencement de Aries, & le bout d'iceluy

nte monftre au limbe 147 degrez pour l'afcention droiĉte de ladite
eftoile. Or eft à notter qu'en la Sphere droiĉte l'afcention & def-
cention, foit des eftoiles, des fignes, ou autres arcs de l'eclyptique,
font pareilles & egales.

PROP. XL.

Pour fçauoir l'afcention des fignes, ou autre arc de l'Eclyptique,
en la Sphere oblique.

METTEZ le commencement de Aries fur l'horifon oblique
du cofté d'Orient, & l'index deffus; en apres regardez quel
degré le bout dudit index touchera au limbe; puis tournez l'yraigne, ledit index demeurant fixe fur ledit commencement de Aries,
iufques à ce que la fin du figne ou autre arc de l'Eclyptique foit fur
l'horifon oblique, & les degrez du limbe compris depuis l'attouchement de l'index iufques au lieu de l'autre attouchement, feront
l'afcention oblique requife à l'efleuation du pole pour laquelle la
table aura efté faiĉte.

   Exemple: Defirant fçauoir l'afcention oblique du dernier degré
de Leo à l'efleuation de 49 degrez; ie mets le commencement
de Aries fur l'horifon oblique du cofté d'Orient, & l'index deffus
touche au limbe le premier degré; puis ie tourne l'yraigne, ledit index demeurant fixe, iufques à ce que la fin dudit Leo foit fur ledit horifon oblique, & alors l'index touche au limbe le 41 degré:
tellement que depuis le premier attouchement iufques au fecond,
font compris prefque 139 degrez, qui eft l'afcention oblique du 30
degré de Leo à l'efleuation de 49 degrez. Il faut notter qu'en la
Sphere oblique fix fignes, fçauoir eft depuis le commencement de
Cancer iufques à la fin du Sagitarius, montent fur l'horifon droiĉtement, & defcendent obliquement; mais les fix autres, fçauoir eft
depuis le commencement de Capricornus iufques à la fin de Gemini, montent obliquement, & defcendent droiĉtement; defquelles montées droiĉtes & obliques prouient la difference des iours &
des nuiĉts: car lors que nous auons le Soleil au commencement de
Cancer, ce qui aduient enuiron le vingt-deuxiefme Iuin, nous auôs
le plus long iour de l'année, c'eft affauoir de 16 heures à l'efleua-

tion polaire de 49 degrez, & la plus courte nuiƈt de 8 heures ; d'autant qu'alors les six signes de droiƈte ascention se leuent de iour, &
les six autres qui sont de briefue & oblique ascention, se leuent la
nuiƈt : mais quand le Soleil est au commencement de Capricornus,
ce qui aduient enuiron le vingt-deuxiesme Decembre, nous auons
le plus court iour : car alors les six signes de briefue & oblique ascention se leuent de iour en 8 heures, & les six de longue & droiƈte
ascention se leuent la nuiƈt en 16 heures : Mais quand nous auons
les iours & les nuiƈts egaux ; il se leue trois signes de droiƈte ascention, & trois de oblique, comme en l'equinoxe du Printemps, qui
aduient enuiron le vingt-vniesme Mars, ♈ ♉ ♊ se leuent obliquement, & ♋ ♌ ♍ droiƈtement. Mais en l'equinoxe de Automne,
♎ ♏ ♐ se leuent droiƈtement, & ♑ ♒ ♓ obliquement. Et conuient aussi notter que l'ascétion particuliere d'vn signe en la Sphere oblique, est la descention du signe à luy opposite : tellement que
si on veut sçauoir la descention oblique de quelque signe, ou autre
arc de l'Eclyptique, il faut trouuer l'ascention du signe ou degré
opposite. Mais voulant sçauoir la descention commençant à Aries,
faudra soustraire de l'ascention du poinƈt opposite 180 degrez, &
restera la descention requise.

    Exemple : Desirant sçauoir la descention oblique du dernier de-
gré de Leo à l'esleuation de 49 degrez. Ie cherche l'ascention du
dernier degré de Aquarius qui luy est opposite ; & ie trouue pour
icelle enuiron 346 degrez, dont ie soustrais 180 degrez, & restent
166 degrez, & telle est la descention oblique du 30 degré de Leo.

P. R. O. P. XLI.

Pour dresser les 12 maisons Celestes.

LE s Astrologues ont diuisé le ciel en 12 parties, qu'on appelle
communément les 12 maisons du ciel, & ce par six cercles,
comme il a esté dit cy deuant, tant à la declaration des parties de
cet instrument, que des cercles de la Sphere, dont les deux principaux sont l'horison oblique & le Meridien, lesquels distinguent
tousiours les quatre principales maisons appellées Cardinales, qui
s'appellent, sçauoir est celle qui commence à l'Orient, ascendant ou

horoſcope, qui eſt la premiere maiſon ; celle qui eſt à la ligne de minuict, le profond du ciel ou quatrieſme maiſon ; celle qui eſt à l'Occident, la ſeptieſme ; & celle qui eſt à la ligne de Midy le milieu du ciel ; & les 8 autres maiſons ſont diſtinguées par 4 autres cercles ou portions de cercle, qui paſſent toutes par le poinct où s'entre-couppent les deux cercles precedens, comme il a eſté dit cy deuant.

Pour donc trouuer les commencemens deſdites 12 maiſons à quelque heure propoſée, cherchez premierement le lieu du Soleil : puis mettez iceluy auec l'index ſur ladite heure propoſée ; ce faict le degré du ſigne qui tombe ſur l'horiſon oblique du coſté d'O-rient, ſera l'horoſcope ou degré aſcendant au temps & heure pro-poſée, & le degré du zodiaque touchant l'arc de la ſeconde maiſon, eſt le commencement de ladite ſeconde maiſon ; & ſemblablement ſe doiuent entendre tous les degrez touchant les autres arcs des au-tres maiſons par ordre, leſquels vous eſcrirez en la figure celeſte, comme ſe verra cy deſſous.

Exemple : Voulant trouuer les commencemens des 12 maiſons

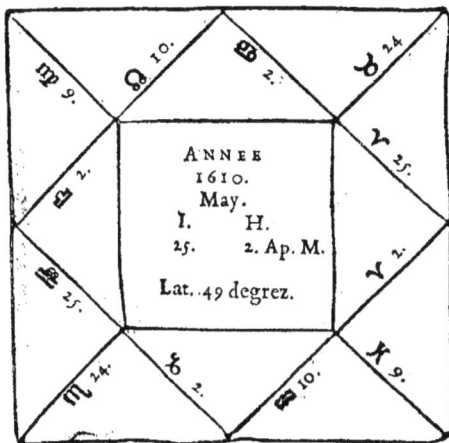

celeſtes au vingt-cinquieſme May 1610, à 2 heures apres midy. Ie cherche premierement le lieu du Soleil au zodiaque audit iour, & trouue pour iceluy 4 degrez Gemini : puis ie mets ledit degré du Soleil auec l'index ſur 2 heures d'apres midy : cela fait, ie trouue que le deuxieſme degré ♎ tombe ſur l'horiſon oblique du coſté d'Orient ; partant i'eſcris ledit ſigne ♎, & les 2 degrez ſur la ligne de la premiere maiſon de la figure cy deuant : puis ie regarde ſur l'arc de la deuxieſme maiſon, & ie trouue 25 degrez ♎, que i'eſcris auſſi en ceſtedite figure ſur la ligne de la ſeconde maiſon : puis ie regarde ſur l'arc la troiſieſme maiſon, & ie trouue 24 degrez ♏, que i'eſcris ſemblablement ſur la ligne de la troiſieſme maiſon, & regardant ſur les arcs de toutes les autres maiſons, ie trouue les commencemens d'icelles tels qu'il appert en la figure cy-deuant.

Or nous finirons icy ce traicté, delaiſſans beaucoup d'autres propoſitions, les iugeant inutiles & fallacieuſes par l'Aſtrolabe, comme meſme eſt la precedente, laquelle nous auons mis ſeulement pour dire quelque choſe des arcs des maiſons celeſtes deſcrites és tables dudit Aſtrolabe : Car pour eriger exactement leſdites 12 maiſons celeſtes, il faut s'ayder des Ephemerides, ou pluſtoſt des tables des directions de Iean de Mont-Royal, par le moyen deſquelles on ſçaura auſſi fort exactement la plus grand part de ce qui eſt traicté en ce liuret, comme nous le monſtrerons aux curieux de l'apprendre.

F I N.

L'VSAGE ET PRATIQVE

DE L'ESCHELLE ALTIMETRE, OV
QVARRE' GEOMETRIQVE, DESCRIT
au dos de l'Aftrolabe.

YANT declaré au precedent traicté fuccincte-ment l'vfage & pratique de la partie de l'Aftrola-be, qui appartient à la confideration du ciel, nous declarerons maintenant comment par le moyen de l'autre partie de l'Aftrolabe, qui eft appellée ef-chelle Altimetre ou quarré Geometrique ; nous prendrons les diftances ou interuales des lieux, les hauteurs des tours, edifices, arbres & montagnes, & les profon-deurs des puits, vallées & foffez.

Premierement eft à notter que chafque cofté d'iceluy quarré Geometrique eft diuifé en 12 parties egales, & derechef chacune de ces parties là en cinq moindres parties : tellement qu'icelles 12 premieres parties en contiennent 60 moindres ; defquels coftez celuy qui eft toufiours parallele à la terre s'appelle cofté de l'vmbre droicte ; & l'autre qui eft perpendiculairement elleué fur iceluy, fe nomme cofté de l'vmbre verfe. Et d'autant qu'en mefurant l'on eft quelquesfois contrainct de faire deux ftations, où il aduient qu'en l'vne l'alidade tombe fur l'vmbre droicte, & en l'autre fur l'vmbre verfe ; lefquelles vmbres pour plus facilement pratiquer, il eft ne-ceffaire de reduire en yne feule, nous mettrons icy la maniere de ce faire.

Pour reduire les parties de l'vmbre droicte à celles de l'vmbre verfe, diuifez 144, qui eft le quarré de 12, par les parties touchées de l'vmbre droicte, & viendront au quotient les parties de l'vmbre verfe ; & femblablement pour reduire l'vmbre verfe à la droicte, diuiſez 144 par les parties cou ppées de l'vmbre verſe, & viendront au quotient les parties de l'vmbre droicte. Comme pour exemple, ayant trouué en vne ſtation que l'alidade couppe 7 parties de l'vmbre droicte, & en l'autre 8 de la verſe, pour reduire icelles deux vmbres en vne; ie diuiſe 144 par 8, & viendront 18 de l'vmbre droicte, ou diuiſant 144 par les 7 de l'vmbre droicte, viendront $20\frac{4}{7}$ de l'vmbre verſe.

PROP. I.

Pour meſurer la diſtance d'entre vous & quelque ſigne poſé au plan de l'horiſon.

QVAND quelque longueur vous ſera propoſée à meſurer, erigez droictement ſur l'vne des extremitez d'icelle longueur quelque baſton, dont la grandeur vous ſoit cogneuë, & à iceluy pendez l'Aſtrolabe : puis poſez l'alidade en ſorte que vous puiſſiez voir par les pertuis des pinulles le ſigne propoſé; cela fait, nottez les parties couppées par l'alidade, & ſi icelles ſont de l'vmbre droicte, (ce qui aduient lors que la longueur propoſée à meſurer eſt moindre que la hauteur du baſton auquel vous aurez pendu l'Aſtrolabe, lequel baſton nous appellerons cy apres hauteur du meſureur au pied de l'Aſtrolabe) vous les mettrez au ſecond lieu de la regle de proportion qu'il conuiendra faire, le nombre des parties eſquelles le coſté du quarré eſt diuiſé, c'eſt aſſauoir 12 au premier lieu, & la hauteur du meſureur au troiſieſme; & ladite regle de proportion eſtant faicte, vous aurez au quatrieſme nombre proportionnel la longueur propoſée à meſurer en telles meſures que celles eſquelles la hauteur du meſureur ſera diuiſée.

Exemple.

Soit propoſée à meſurer la diſtance EF. Nous poſerons donc à l'extremité E où nous ſommes, la hauteur AE, que nous ſuppoſons eſtre de 4 pieds, & à iceluy nous pendrons l'Aſtrolabe : (en ceſte propoſition & autres ſuiuantes, nous-nous ſommes contenté de repreſenter pour la demonſtration ſeulement le quarré Geometrique,

trique notté par ABCD, dont A eft le centre de l'Aftrolabe) &
ayant dirigé l'alidade droiƈ au poinƈ E, & trouué qu'elle couppe
en G 10 parties de l'vmble droi-
ƈte, nous dirõs par regle de trois,
fi 12 donnent 10, qui font les parties couppées, que donneront 4,
qui eft la hauteur du mefureur ;
& viendront 3 pieds ⅓ pour la
longueur EF. Dont la demon-
ftratiõ eft manifefte : car le trian-
gle ADG eft equiangle au triangle AEF, veu que les angles D, E,
font droiƈs, & AGD eft egal à AFE par la 29. p. 1. Donc par la 4.
p. 6. comme AD eft à DG, ainfi AE eft à EF.

Mais fi les parties couppées par l'alidade eftoient de l'vmbre verfe, (ce qui aduient lors que la longueur propofée à mefurer eft plus
grande que la hauteur du mefureur) il faudroit mettre les parties
couppées par l'alidade au premier lieu de la regle de trois, le nombre des parties du cofté du quarré au deuxiefme, & la hauteur du
mefureur au troifiefme ; & la regle eftant faiƈte, vous aurez la longueur propofée à mefurer.

Exemple.

Soit propofée à mefurer la diftance EH en la figure precedente,
& ayant trouué que l'alidade dirigé au poinƈ H couppe en I 4 parties de l'vmbre verfe, nous dirons fi 4 donnent 12, que dõneront 4
min. & viendrõt 12 pour la mefure de la diftãce EH propofée à mefurer. Car les triangles ABI, AEH, font equiangles, veu que les
angles B, E, font droiƈs, & les alternes BAI, AHE egaux par la 29
p. 1. donc par la 4. p. 6. comme BI eft à AB, ainfi AE eft à EH.

Que s'il aduenoit que l'alidade paffaft entre les deux vmbres,
fçauoir eft en C, la hauteur du mefureur AE feroit egale à la diftance cherchée EK, veu que par la 4. p. 6. comme AD eft à DC, qui
luy eft egal, ainfi AE eft à EK.

Or ces diftances, & toutes celles propofées cy apres, nous feront
cogneuës plus facilement, prenant feulement l'angle au moyen des
degrez marquez au bord de l'Aftrolabe ; & nous aydant puis apres
du compas de proportion, comme nous monftrerons aux defireux
de fçauoir l'vfage & pratique d'iceluy.

I

Que fi les longueurs propofées à mefurer eftoient fort grandes, elles ne pourroient eftre mefurées certainement par cefte maniere cy-deffus: c'eft pourquoy nous mettrons encore deux autres manieres de proceder à la mefure d'icelles diftances.

Si donc la longueur propofée à mefurer eftoit fort grande, & qu'il y euft quelque chofe efleuée perpendiculairement au bout d'icelle, & que vous puiffiez faire deux ftations à mefme plan, vous ferez en cefte maniere : Pofez l'Aftrolabe fur fon pied, ou hauteur du mefureur, en forte que fon plan foit equidiftant à la plaine : puis l'alidade eftant pofée fur l'vn des coftez du quarré, tournez ladite Aftrolabe iufques à ce que vous voyez par les pertuis des pinulles quelque marque contenuë en la chofe efleuee perpendiculairemēt au bout de ladite longueur que voulez mefurer ; cela faiɕt, pofez directement quelque bafton où vous eftes, & vous defmarchez directement à cofté, fi loing que vous le iugerez eftre befoin, mefurant la diftance dont vous-vous efloignez ; & eftant arrefté, pofez comme deuant l'Aftrolabe, & l'alidade eftant mife fur l'vn des coftez du quarré, tournez ladite Aftrolabe iufques à ce que vous voyez par les pinulles le bafton laiffé au lieu de voftre premiere ftation : puis ladite Aftrolabe demeurant fixe, tournez l'alidade iufques à ce que vous puiffiez voir par les pinulles la marque veuë à la premiere ftation en la hauteur efleuée perpendiculairement au bout de la longueur propofée ; & voyant icelle, nottez les parties couppees par l'adidade, lefquelles fi font de l'vmbre verfe, vous mettrez au premier lieu en la regle de trois, le cofté de l'efchelle au deuxiefme. Mais fi elles font de l'vmbre droicte, c'eft à dire du cofté de l'efchelle qui eft parallele à la longueur propofée, vous les mettrez au fecond lieu, le cofté de l'efchelle au premier, & la diftance comprife entre les deux ftations toufiours au troifiefme lieu, & viendra au quatriefme nombre proportionnel la mefure de la diftance propofée.

Exemple.

Soit propofé à mefurer la diftance de E, où nous fommes, iufques à l'arbre F. Premierement donc, nous poferons en E l'Aftrolabe fur fon pied, en forte que le plan d'icelle foit equidiftant de la

plaine: puis ayant poſé l'alidade ſur le coſté du quarré A B, nous
tournerons ladite Aſtrolabe, iuſques à ce que nous voyons par les
pinulles l'arbre F; ce faiƈt, ayant dreſſé perpendiculairement vn
baſton, nous-nous deſmarcherős direƈtement à coſté par 15 fois la
hauteur du meſureur, c'eſt à dire 60 pieds loing de la premiere ſtation, & là nous poſerons
derechef l'Aſtrolabe ſur
ſon pied comme deuant, en
ſorte que l'alidade eſtant
ſur le coſté *a d*, nous voyős
le baſton laiſſé à la premiere ſtation: puis l'Aſtrolabe
demeurant fixe, nous tournerons l'alidade iuſques à
ce que nous voyons dere-
chef l'arbre F; & ſuppoſant
qu'elle couppe 4 parties de
l'vmbre verſe en H; Nous dirons, ſi 4 donnent 12, que donneront
60: & viendront au quatrieſme nombre proportionnel 180 pieds
pour la meſure de la diſtance E F: Dont la demonſtration eſt manifeſte, eſtans les deux triangles *a b* H, G A *a* equiangles, veu que les
angles *b*, A ſont droiƈts, & les alternes *b a* H, A G *a* egaux par la 29.
p. 1. donc par la 4.p.6. comme H *b* eſt à *b a*, ainſi *a* A eſt à A G, ou EF
ſon egale.

Que s'il aduenoit que le lieu fuſt ſi eſtroit & ſerré qu'on ne ſe
puiſſe aiſément deſmarcher à coſté pour auoir ladite longueur propoſée à meſurer, ains ſeulement reculer ou auancer direƈtement
vous penderez l'Aſtrolabe à ſon pied, & hauſſerez l'alidade iuſques,
à ce que vous voyez par les pinulles le ſommet de la hauteur eſleuée
à l'autre bout de ladite longueur; & ayant notté les parties couppées par l'alidade, vous-vous reculerez ou aduancerez direƈtement
à diſcretion: & ayant pendu l'Aſtrolabe à ſon pied, vous hauſſerez
l'alidade iuſques à ce que vous voyez derechef le ſommet de ladite
hauteur; & le voyant, vous notterez les parties couppees par ladite alidade; leſquelles parties ſi ſont de meſme vmbre que celles de
la premiere ſtation, vous oſterez le moindre nombre du plus grand
& mettrez ce qui reſtera au premier lieu en la regle proportionnel-

I ij

le, la diftance comprife entre les deux ftations au deuxiefme lieu, &
le plus petit nombre des parties couppees au troifiefme lieu, fi vous
vous eftes reculez à la deuxiefme ftation; mais le plus grand, fi vous
vous eftes aduancez, & la regle eftant faicte, vous aurez la mefure
de la longueur propofée à mefurer.

Exemple.

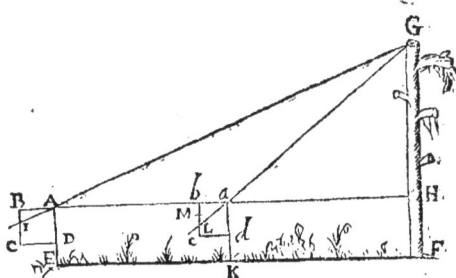

Soit propofé à mefurer la diftance EF, au bout de laquelle foit
efleué perpendiculairement la hauteur FG. Nous penderons premierement l'Aftrolabe à fon pied EA, & hauflerons l'alidade iufques à ce que nous voyons le fommet G, & fuppofant que l'alidade couppe 4 parties de l'vmbre verfe, nous les retiendrons en memoire, & nous aduan-
cerons directement en
K, diftant de E par 10
verges, c'eft à dire par
2½ fois la hauteur du
mefureur, & là nous
penderons derechef
l'Aftrolabe; & regar-
dant le fommet G,
fuppofant que l'adida-
de couppe 8 parties de
l'vmbre verfe en L,
nous ofterons d'icelles les 4 parties de la premiere ftation, & refteront 4 parties: & partant nous dirons, fi 4 donnent 10 verges, que
donneront 8 ? & viendront 20 verges pour la quantité de la longueur EF propofée à mefurer; ce que nous demonftrerons en cefte
maniere. Soit ofté de *b*L, *b*M egale à BI, & veu que pour la fimilitude des triangles ABI, AHG, par la 4.p.6. comme AB eft à BI, ainfi
AH eft à HG, le rectangle de AB, HG fera egal au rectangle de BI,
AH par la 16.p.6. Pour la mefme raifon, le rectangle de *ab*, HG,
eft egal au rectangle de *b*L, *a*H. Veu donc que le rectangle de AB,
HG, eft egal au rectangle de *ab*, HG, parce que les lignes AB, *ab*
font egales, femblablement le rectangle de *b*L, *a*H fera egal au rectangle de BI, AH, c'eft à dire de *b*M, AH: & partant par la 16.p.6.

comme *b*L fera à *b*M, ainfi AH fera à *a*H, & en permutant, comme la toute *b*L eft à la toute AH, ainfi la retranchée *b*M eft à la retranchee *a*H: donc par la 19. p. 5. le refidu ML fera pareillement au refidu A*a*, comme la toute *b*L à la toute AH, ou EF fon egale.

Que fi nous-nous eftions reculez de K en E, nous dirions, fi 4 donnent 10 verges, que donneront 4, moindre nombre des parties couppees; & viendroient 10 verges pour la longueur *a* H, ou KF fon egale. Car veu qu'il a efté demonftré cy-deffus, que comme *b*L à AH, ainfi *b*M à *a* H, & auffi ML à A*a*; donc par la 11. p. 5. comme ML eft à A*a*, ainfi *b*M à *a* H, ou KF fon egale.

Mais fi és deux ftations les parties couppées n'eftoient d'vne mefme ombre, les y faudroit reduire ainfi qu'il a efté dit, & ladite reduction eftant faicte, faire comme deffus.

PROP. II.

Pour mefurer les hauteurs efleuées perpendiculairement fur la plaine, & lefquelles font acceßibles.

ESLOIGNEZ-vous vn peu felon la commodité du lieu où vous ferez de la hauteur propofée à mefurer, & ce en obferuant de combien vous-vous efloignerez; & ayant pendu l'Aftrolabe à fon pied, hauffez l'alidade iufques à ce que vous voyez par les pinulles le fommet de ladite hauteur, & alors regardez quelles feront les parties couppées par l'alidade; lefquelles fi font de l'vmbre droicte, vous mettrez au premier lieu de la regle de proportion, le cofté du quarré au deuxiefme: mais fi elles font de l'vmbre verfe, mettez le cofté de l'efchelle au premier lieu, & lefdites parties couppees au deuxiefme, & la diftance comprife entre la hauteur & vous, toufiours au troifiefme; & la regle eftant faicte, adjouftant au produit d'icelle la hauteur du mefureur, vous aurez la quantité de la hauteur propofée à mefurer.

Exemple.

Soit propofé à mefurer la hauteur EF. Moy eftant donc au pied d'icelle hauteur, ie m'efloigne d'icelle iufques en G, qui eft diftant de E par 16 pieds, & là ie poſe l'Aſtrolabe pendu à ſon pied : puis ie hauſſe l'alidade iuſques à ce que ie voy par les pinulles le ſommet F, & alors l'alidade couppe en H 8 parties de l'vmbre verſe ; & partant ie dis ſi 12 me donnent 8, que me donneront 16 : & viennẽt 10⅔, auſquels i'adjouſte la hauteur du meſureur, & ſont 14 pieds 8 poulces pour la hauteur EF propoſee à meſurer. Dont la demonſtration eſt facile : car attendu la ſimilitude des triangles ABH, AIF ; comme AB eſt à BH, ainſi AI eſt à IF.

Les deux autres operations nottées en la figure cy-deſſus ſont faciles, c'eſt pourquoy nous ne nous y arreſterons.

PROP. III.

Pour meſurer les hauteurs eſleuées perpendiculairement ſur la plaine, & leſquelles ſont inacceſſibles.

SI vous voulez prendre la hauteur de quelque tour, muraille, ou autre edifice qu'on ne peut approcher aiſément ; Soit, où pour crainte des ennemis, ou pour l'empeſchement de quelque riuiere ou foſſé ; Premierement, vous penderez l'Aſtrolabe à ſon pied au lieu le plus commode que vous aduiſerez : puis vous diſpoſerez l'alidade en ſorte que vous voyez le ſommet de ladite hauteur à meſurer, & alois nottez les parties touchées par icelle ; ce faiĉt reculez-vous, ou aduancez direĉtement en quelqu'autre lieu ; & là pendez derechef l'Aſtrolabe à ſon pied, & regardez comme deuant le ſommet de ladite hauteur à meſurer, & nottez les parties couppées par l'alidade ; leſquelles parties, tant de la premiere ſtation que de la ſeconde, eſtans de l'vmbre verſe, vous diuiſerez le coſté du quarré ſeparément par les parties couppées, & oſterez le plus petit quotient du plus grand, & diuiferez par le refidu la diftance d'entre les deux ftations; & le quotient, la hauteur du mefureur y eftant ad-jouftée, donnera la quantité de la hauteur propofée à mefurer.

Exemple.

Soit propofé à mefurer la hauteur FG, le pied de laquelle nous ne pouuõs approcher : Nous penderõs donc l'Aftrolabe à fon pied en E, & ayant hauffé l'alida-de iufques à ce que ie voye le fommet G, icelle couppe BI de 4 parties de l'vmbre verfe, que ie retient en memoire : puis m'eftant aduancé dire-ctement en K, diftant de E par 10 verges, & là pendu l'A-ftrolabe à fon pied; ie regar-de derechef le fommet G par les pinulles de l'alidade; & le voyant, fuppofé que ladite alidade couppe *b*L de 8 parties de l'vmbre verfe; Nous diuiferons 12 par 8 & par 4, & viendront $1\frac{1}{2}$ & 3, dont le moindre quotient eftant ofté du plus grand, reftent $1\frac{1}{2}$, par lefquels ie diuife la diftance d'entre les deux ftations, fçauoir eft 10 verges, & viennent $6\frac{2}{3}$ verges pour la hauteur HG, à laquelle i'adjoufte la hauteur du mefureur, & font 7 verges 8 poulces pour la hauteur FG propofée à mefurer. Ce qui fe demonftre ainfi. Attendu la fimilitude des triangles ABI, AHG, comme BI eft à AB, ainfi GH eft à AH, par la 4.p.6. c'eft à dire qu'autant de fois que BI eft en AB, autant de fois GH eft en AH : par la mefme raifon BL fera contenu autant de fois en *a b*, que GH en *a*H. Donc le nombre demonftrant combien de fois GH eft en *a*H eftant ofté du nombre, monftrant combien de fois GH eft con-tenu en AH, reftera combien de fois GH fera contenu en A*a* : par-quoy la quãtité de A*a* eftant diuifée par ledit refte, viendra la quan-tité de GH.

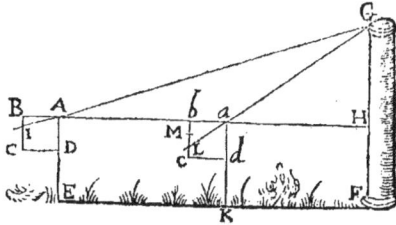

Mais fi les parties couppees en l'vne & l'autre ftation font de l'vmbre droicte, oftez le moindre nombre du plus grand, & mettez ce qui reftera au premier lieu de la regle de proportion, la diftance

comprife entre les deux ftations au deuxiefme,& le cofté du quarré au troifiefme, & viendra (eftant adjoufté au produit la hauteur
du mefureur,) la hauteur requife.

Exemple.

Soit la hauteur EF propofee à mefurer, le pied de laquelle nous
ne pouuons approcher.

Ayant faict comme en la precedente operation, & trouué que
en la premiere ftation G, l'alidade couppoit DI de 8 parties de l'vmbre droicte; & en la feconde
K, diftante de la premiere par
3 thoifes, que l'alidade couppoit 8 parties de la mefme vmbre. Ie fouftrais 4 de 8, & reftent 4, que ie pofe au premier
lieu de la regle de trois, les 3
thoifes d'entre les deux ftations au deuxiefme lieu, & au
troifiefme 12, & viennent, la
regle eftant faicte, 9 thoifes;
aufquelles i'adioufte la hauteur du mefureur, & font 9
thoifes 4 pieds, pour la hauteur EF propofée à mefurer.

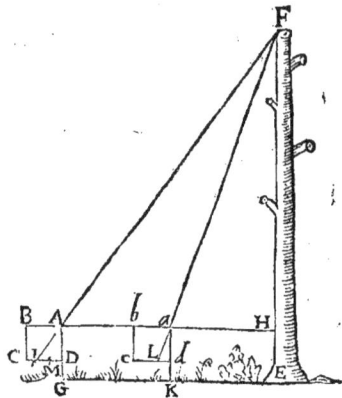

Ce que nous demonftrerons en cefte maniere. D'autant que les
triangles ADI, AHF, font femblables, comme DI eft à AD, ainfi
AH eft à HF, par la 4.p.6. & en permutant, comme DI eft à AH,
ainfi AD à HF. Et par la mefme raifon, comme *d*L eft à *a*H, ainfi
a d eft à HF. Veu donc que comme AD eft à HF, ainfi *a d* eft à HF,
par la 7.p.5. Il s'enfuit par la 11.p.5. que comme la toute DI eft à la
toute AH, ainfi la retranchee *d*L ou DM fon egale, eft à la retranchee *a*H : donc par la 19. p.5. le refidu MI fera au refidu A*a*, comme
la toute DI à la toute AH : mais il a efté demonftré que comme DI
eft à AH, ainfi AD à HF : parquoy comme MI eft à A*a*, ainfi AD eft à
HF. Que s'il aduenoit que les parties couppées fuffent de l'vmbre
verfe en l'vne des ftations, & de la droicte en l'autre, vous reduirez
l'vne à l'autre, puis paracheuerez comme dit eft cy-deffus.

PROP.

PROP. XLI.

Pour mesurer du sommet d'vne tour, ou de quelque fenestre d'icelle, la distance d'entre le pied de ladite tour, & quelque signe veu en l'horison.

SI vous ne sçauez la hauteur de ladite tour, ou fenestre d'icelle, vous apprendrez ladite hauteur: puis tenant l'Astrolabe vous regarderez par les pinulles de l'alidade le signe proposé; & si les parties couppées par ladite alidade sont de l'vmbre droicte, vous les mettrez au deuxiesme lieu de la regle de trois, le costé du quarré au premier, & la hauteur de la tour au troisiesme; & faisant la regle, viendra la distance requise.

Exemple.

Soit proposé à mesurer du sommet A la distance EF. Ie prend donc l'Astrolabe, & regardant par les pinulles de l'alidade le signe F, supposé qu'elle couppe DG de 10 parties de l'vmbre droicte; nous dirons, si 12 donnent 10, que donneront 9 thoises, qui est la hauteur AE, & viennent $7\frac{1}{2}$ pour la distance EF.

Mais si les parties couppées par l'alidade sont de l'vmbre verse, vous les mettrez au premier lieu en la regle de trois, le costé du quarré au deuxiesme, & au troisiesme la hauteur de ladite tour.

Que si l'alidade tombe entre les deux vmbres, la distance proposée à mesurer sera egale à la hauteur AE, le tout comme il a esté demonstré en la premiere proposition.

K

PROP. V.

*Pour meſurer du ſommet de quelque hauteur la diſtance d'entre
deux ſignes veuz directement en vn plan.*

PRENEZ par la precedente propoſition, la diſtance du pied
de la hauteur à l'vne & à l'autre marque propoſée : puis ſouſtrayez la moindre diſtance de la plus grande, & reſtera celle compriſe entre leſdites deux marques.

Or attendu que l'operation de ceſte propoſition n'eſt autre que
celle de la precedente propoſition, nous ne mettrons point d'e-
xemple.

PROP. VI.

*Pour meſurer la diſtance de l'œil, ou pied du meſureur, à
quelque poinct marqué en quelque hauteur.*

POVR donc meſurer la diſtance de voſtre œil à quelque marque veuë en vne hauteur ; vous prendrez la meſure de la diſtance horiſontale de voſtre œil à ladite hauteur par la 1. p. & par
la 2. p. la hauteur du poinct propoſé par deſſus ladite diſtance horiſontale de l'œil ; ce faict quarrez icelle hauteur, & auſſi la diſtance
de voſtre œil à icelle ; & ayant adjouſté ces deux quarrez enſemble, du produit prenez-en la racine quarrée, laquelle ſera la diſtance de voſtre œil au poinct propoſé.

Exemple.

Soit propoſé à trouuer la diſtance de **A**, œil du meſureur, iuſques au poinct F, qui eſt le ſommet de la hauteur EF. Premierement donc, ſuppoſé que la diſtance horiſontale AH ſoit trouuée
de 40 pieds, & la hauteur HF de 30 pieds ; nous quarrerons 40 &
30, & ſeront 1600 & 900, qui adjouſtez enſemble font 2500, dont
la racine quarrée eſt 50, & autant eſt la diſtance AF. Dont la demonſtration eſt manifeſte par la 47. p. 1.

Que ſi nous adjouſtons
le quarré de AH, ou GE ſon
egale, auec celuy de EF, qui
eſt la hauteur HF, & celle
du meſureur GA ; & du
produit en tirons la racine
quarree, nous aurons la diſtance du pied du meſureur
G à ladite ſommité F, ſçauoir eſt GF.

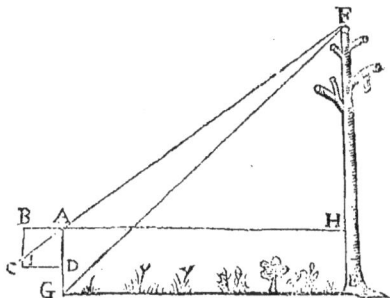

PROP. VII.

Pour meſurer la hauteur d'vne tour ou autre edifice, ſcitué
ſur vne montagne.

SI vous deſirez ſçauoir la hauteur d'vne feneſtre de quelque edifice à vne autre, ou bien la hauteur d'vne tour, ou autre edifice
ſcitué ſur vne montagne. Vous apprendrez premierement par la
3. p. la hauteur de ladite montagne : puis par la 2. prop. la hauteur
de la montagne & de la tour enſemble ; & d'icelle hauteur ayant
oſté la premiere, ſçauoir celle de la montagne ſeule, reſtera la hauteur de la tour ſeule.

Or d'autant que cecy eſt facile, attendu qu'il ne ſe faiſt que les
operations des deux & troiſieſmes propoſitions, nous ne mettrons
point d'exemple.

PROP. VIII.

Pour meſurer l'aſcention d'entre deux ou pluſieurs lieux, ſcituez
en la plaine horiſontale.

SOIT propoſé à meſurer la diſtance d'entre les deux arbres
A & B. Soient choiſis deux lieux en ladite plaine, propres pour
faire deux ſtations, comme C, D, diſtans l'vn de l'autre par 24 pieds :
& par iceux, ſoit imaginé eſtre tirée vne ligne droiſte C D E, ſur

laquelle tombe perpendiculairement de A & B les lignes AF &
BG, qui feront comme hauteurs efleuees fur icelle ligne CE, lefquelles hauteurs foient trouuées comme il eft dit en la troifiefme

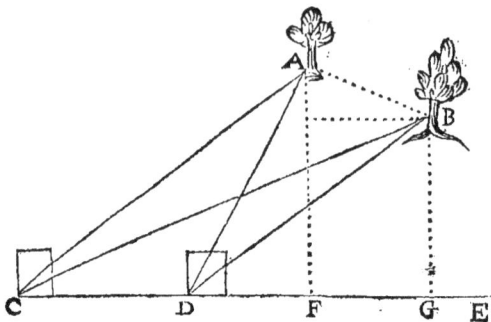

propofition, difpofant l'inftrument parallel à l'horifon, & fuppo-
fons que FA foit trouuée de 90 pieds, & BG de 80 : mais foient auffi
trouuées les diftances CF, CG, fçauoir CF de $67\frac{1}{2}$, & CG de 120.

Maintenant foit ofté BG de FA, & refteront 10, dont le quarré
eft 100 : mais de CG foit ofté CF, & refteront $52\frac{1}{2}$, dont le quarré
fera $\frac{11025}{4}$, auquel foit adioufté le precedent quarré 100, & viendront $\frac{11425}{4}$, dont foit prife la racine quarrée, laquelle fera prefque
$53\frac{21}{74}$: & autant fera la diftance de A iufques à B, ainfi qu'il appert &
eft manifefte par les chofes cy-deuant demonftrées.

PROP. IX.

Pour mefurer les profondeurs.

D'AVTANT que les profondeurs font de deux fortes, fçauoir
eft deprimées perpendiculairement au deffouz de l'horifon,
ou bien en pente comme font les valées, il faut proceder diuerfe-
ment à la mefure d'icelles.

Pour donc mefurer les profondeurs deprimées fouz l'horifon
perpendiculairement, vous prendrez la largeur de ladite profon-

deür par la 1. propofition : puis vous pendrez l'Aftrolabe à fon pied fur le bord de ladite profondeur : puis baiſſerez l'alidade iuſques à ce que vous voyez par les pinulles le poinct oppoſite du fond d'icelle profondeur ; & ſi les parties couppées font de l'vmbre droicte, vous les mettrez au premier lieu en la regle de trois, le coſté du quarré au deuxiefme : mais ſi leſdites parties couppees font de l'vmbre verſe, vous les mettrez au deuxiefme lieu, le coſté du quarré au premier, & au troiſiefme touſiours la largeur de ladite profondeur ; & la regle faicte, oſtez du produit la hauteur du meſureur, & reſtera la quantité de la profondeur propoſee.

Exemple.

Soit propoſee à meſurer la profondeur E F , deprimee perpendiculairement ſouz l'horiſon. Ayant trouué pour la largeur de ladite profondeur 6 thoiſes, & que regardant le poinct G, l'alidade couppe 4 parties de l'vmbre droicte. Ie poſe 4 au premier lieu de la regle de trois, 12 au ſecond, & 6 thoiſes au troiſiefme ; & la regle faicte, viennent 18 thoiſes, dont i'oſte la hauteur du meſureur, & reſtent 17 thoiſes 2 pieds pour la profondeur E F. Dont la demonſtration eſt manifeſte.

Mais ſi ladicte profondeur propoſee eſt en pente, vous prendrez pareillement la largeur : puis ayant pendu l'Aftrolabe à fon pied fur le bord de ladite profondeur, vous abbaiſſerez l'alidade iuſques à ce que vous voyez par les pinulles le milieu du fond d'icelle profondeur ; & ſi les parties couppees par l'alidade font de l'vmbre droicte, mettez-les au premier lieu de la regle de trois, le coſté du quarré au ſecond, & au troiſiefme la moictié de la largeur ; mais ſi leſdites parties couppees font de l'vmbre verſe, vous les mettrez au ſecond lieu, le coſté du quarré au premier, & au troiſiefme la moictié de la largeur, & la regle eſtant faicte, oſtez du produit la hauteur du meſureur, & reſtera la profondeur requiſe.

K iij

Exemple.

Soit propofé à mefurer la
profondeur de la valée EFG.
Ayant trouué par la premiere
propofition, 8 verges pour la
largeur de ladite valée, fçauoir
eft la longueur EG, & trouué
que regardant le fond F, l'alidade couppe DI de trois parties de l'vmbre droicte, que ie
mets au premier lieu de la regle de trois, 12 au fecond, & 4

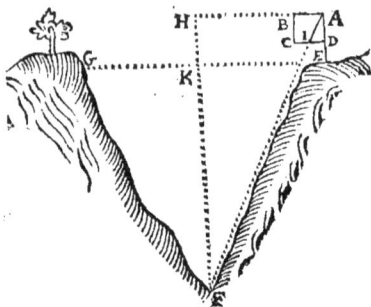

qui eft la moictié de la largeur au troifiefme; & viennent 16 verges, dont ie fouftrais la hauteur du mefureur, & reftent pour KF
15 verges & vne thoife. Dont la demonftration eft manifefte, attendu la fimilitude des triangles ADI, AHF.

Or nous mettrons icy fin à ce traicté, delaiffant beaucoup d'autres belles & vtiles propofitions; lefquelles fe peuuent pratiquer,
tant par le moyen dudit quarré Geometrique, que du cercle des
degrez de hauteurs, ayant l'intelligence du compas de proportion,
& lefquelles nous monftrerons particulierement à ceux qui les
defireront fçauoir.

F I N.

www.ingramcontent.com/pod-product-compliance
Lightning Source LLC
Chambersburg PA
CBHW071249200326
41521CB00009B/1689